# 基因表达数据的特征选择
# 及其识别算法研究

陆慧娟　严　珂　著

科 学 出 版 社
北 京

# 内 容 简 介

为了有效处理基因表达数据,本书从数据集和分类器两个方向入手进行讨论。在数据集方面,采用不同算法进行特征选择,选择与分类目标密切相关的基因提高分类器模型的泛化性能。在分类器方面,构建训练集,利用集成方法提高旋转森林的分类精度和稳定性;利用改进后的粒子群算法优化核超限学习机的内权参数,提高分类器的分类精度;根据输出不一致测度,进行相异性集成,提高分类模型的分类精度和稳定性;通过在超限学习机模型中嵌入误分代价因素,实现对肿瘤的代价敏感分类。本书从机器学习的视角,提出了若干前沿的特征选择与分类算法,为后续基因表达数据识别的相关研究奠定了基础。

本书可作为从事计算机、自动控制、生物信息等领域的专家学者和应用人员的参考用书。

## 图书在版编目(CIP)数据

基因表达数据的特征选择及其识别算法研究 / 陆慧娟,严珂著. —北京:科学出版社,2017.5
ISBN 978-7-03-051961-0

Ⅰ. ①基⋯ Ⅱ. ①陆⋯ ②严⋯ Ⅲ. ①基因表达－模式识别－研究 Ⅳ. ①Q786

中国版本图书馆 CIP 数据核字(2017)第 040339 号

责任编辑:陈 静 赵微微 / 责任校对:郭瑞芝
责任印制:徐晓晨 / 封面设计:迷底书装

科 学 出 版 社 出版
北京东黄城根北街 16 号
邮政编码:100717
http://www.sciencep.com
北京京华虎彩印刷有限公司 印刷
科学出版社发行 各地新华书店经销
＊
2017 年 5 月第 一 版 开本:720×1 000 1/16
2018 年 1 月第二次印刷 印张:9
字数:176 000
定价:48.00 元

(如有印装质量问题,我社负责调换)

# 序

　　癌症是对人类生命构成严重威胁的主要疾病之一，是由各种致癌因素导致的某些局部组织的细胞克隆性异常，在基因水平上失去对其生长的正常调控从而增生而成的新生物。癌症的早诊断是提高癌症患者成活率的关键。

　　目前的癌症诊断方法，主要是通过观察显微镜下细胞的大小、颜色和形状来确定肿瘤的类型。这种诊疗方法建立在形态学之上，存在很大的缺陷，同一类型的肿瘤可能会出现临床上的差异，对治疗的敏感性不够。癌症的发生是一个多阶段逐步演变的过程，在这一过程中，常伴随着多种基因的改变。从分子生物学水平发现、识别与癌症相关的重要基因是生物信息学研究的一个重要课题，对癌症患者早期诊断和进行个性化治疗具有重要意义。它不仅能提高患者的生存率，而且能提高患者的生存质量，从而引起人们的广泛关注。

　　该书是著者近 5 年来在国家自然科学基金和浙江省自然科学基金项目资助下，获得的一系列关于基因表达数据的特征选择及其识别算法研究成果的结晶。书中介绍了基因表达数据高维、小样本、高噪声、样本不平衡的特点，以及针对这些特点所设计的分类流程，包括特征选择和分类器构建两大步骤。从机器学习的视角，提出了若干前沿的特征选择与分类算法，为后续基因表达数据识别的相关研究奠定了基础。此外，书中还介绍了神经网络、支持向量机、超限学习机等分类器的原理以及在基因数据分类中的应用，并利用实际基因数据进行了验证。根据基因数据的特点，提出使用集成学习、代价敏感学习等机器学习技术。

　　该书内容丰富、结构清晰、创新明显，是一本融合理论研究和工程应用的学术专著，是从事相关研究的科技人员很好的参考用书。该书的出版将对基因表达数据的特征选择及其识别理论研究和技术应用起到积极的推动作用。

中国工程院院士、北京大学教授

2016 年 12 月

# 前　言

　　肿瘤组织无论在细胞形态上还是组织结构上，都与其发源的正常组织有不同程度的差异。肿瘤在本质上是基因病。各种环境的和遗传的致癌因素以协同或序贯的方式引起 DNA 损害，从而激活原癌基因和灭活肿瘤抑制基因，加上凋亡调节基因和 DNA 修复基因的改变，继而引起表达水平的异常，使靶细胞发生转化。被转化的细胞先多呈克隆性的增生，经过一个漫长的多阶段的演进过程，其中一个克隆相对无限制的扩增，通过附加突变，选择性地形成具有不同特点的亚克隆（异质化），从而获得浸润和转移的能力（恶性转化），形成恶性肿瘤。肿瘤在所占据的组织中形成肿块，其大小、外形、界限、硬度、表面情况、与邻近组织关系等可作为检查与诊断肿瘤的依据。

　　目前的肿瘤诊断方法，主要是通过观察显微镜下细胞的大小、颜色和形状来确定肿瘤的类型。这种诊疗方法建立在形态学之上，存在很大的缺陷，同一类型的肿瘤可能会出现临床上的差异，对治疗的敏感性不够。本书主要研究从基因层面诊断癌症，期望通过对基因数据的处理来达到更早、更准确地发现癌症。为了有效处理基因表达数据，主要采用神经网络、支持向量机以及决策树来设计分类器。为了提高分类系统的稳定性，拟利用分类器集成技术，来改进相关算法。

　　鉴于此，作者在国家自然科学基金和浙江省自然科学基金项目资助下，近 5年来，一直从事基因表达数据的特征选择及其识别算法的研究，从机器学习的视角，提出若干前沿的特征选择与分类算法，为后续基因表达数据识别的相关研究奠定了基础。此外，还研究神经网络、支持向量机、超限学习机等分类器的原理以及在基因数据分类中的应用，并利用实际基因数据进行验证。根据基因数据的特点，使用集成学习、代价敏感学习等机器学习技术，为机器学习在其他领域的进一步应用奠定技术基础，具有重要的理论意义和实际的应用价值。

　　本书是作者在国内外本领域权威期刊以及有影响的国际会议论文集上，发表的 10 多篇学术论文的基础上进一步加工、深化而成的，是对已有成果的全面总结。具体研究内容从数据集和分类器两个方向入手。在数据集方面，利用适当的方法进行特征选择，选择与分类目标密切相关的基因以提高分类器模型的泛化性能；创造性地结合两种不同的特征选择算法对基因数据集进行特征选择，能够有效地克服传统特征选择算法的弊端。在分类器方面，构建训练集，利用集成方法提高旋转森林的分类精度和稳定性；利用改进后的粒子群算法优化核超限学习机内权参数，达到提高分类器的分类精度的效果；根据输出不一致测度，进行相异性集成，提高分类模型的分类精度和稳定性；通过在 ELM 模型中嵌入误分代价因素，实现对肿瘤的代价敏感分类。

在本书的编写过程中，作者得到了中国工程院院士、北京大学何新贵教授的悉心指导，而且何院士欣然为本书作序，令作者深受鼓舞，在此向何院士表示衷心的感谢！天津大学邹权研究员，杭州电子科技大学高志刚副教授，中国计量大学潘晨教授、叶敏超博士等为书稿提出了许多宝贵的建议；全书在编写过程中也得到了孟亚琼、陈俊颖、杨磊、马露露、高慧云、王黎、于海燕、魏莎莎、刘亚卿、王石磊、刘金勇、杜帮俊、陈晓青等的帮助；"计算机应用技术"浙江省重点学科（中国计量大学）也为本书的出版提供了大力的帮助。在此一并表示衷心的感谢！

在本书的编写过程中，参考了国内外有关研究成果，在此对所涉及的专家和研究人员表示衷心的感谢。挂一漏万，可能书中所列出的参考文献不够全面，在此也对可能被遗漏的专家和研究人员表示衷心的感谢。此外，本书的出版得到了国家自然科学基金项目（项目编号：61272315，60842009，61602431）和浙江省自然科学基金项目（项目编号：Y1110342）的资助，在此一起表示鸣谢！

本书可作为从事计算机、自动控制、生物信息等领域的专家学者和应用人员的参考书。

由于学术水平所限，书中难免有疏漏之处，敬请读者指正。作者的联系方式：hjlu@cjlu.edu.cn。

作　者

2016 年 12 月于中国计量大学

# 目　　录

# 第 1 章 绪 论

肿瘤是由各种致癌因素导致的某些局部组织的细胞克隆性异常,在基因水平上失去对其生长的正常调控从而增生而成的新生物。肿瘤一般可分为良性和恶性两大类。恶性肿瘤又称为癌症。在 2012 年, 全球约有 1410 万新发癌症病例, 820 万患者死于癌症。其中 57%的癌症患者以及 65%的癌症死亡患者来自于发展中国家[1]。作为人类健康的第一杀手,恶性肿瘤已经成为我国主要的公共卫生问题之一。所以, 对肿瘤的预防和治疗是全世界关注的焦点。

按现在的医疗水平, 对早期癌症患者的治疗有 80%以上的治愈率;但是, 晚期的癌症患者在治疗后很少能生存 5 年以上。因此, 早发现、早预防、早治疗是挽救患者的重要手段[2]。目前的肿瘤诊断方法,主要是通过观察显微镜下细胞的大小、颜色和形状来确定肿瘤的类型。这种诊疗方法建立在形态学之上,存在很大的缺陷, 如同一类型的肿瘤可能会出现临床上的差异, 对治疗的敏感性不够[3]。癌症的发生是一个多阶段逐步演变的过程, 在这一过程中, 常伴随着多种基因的改变。从分子生物学水平发现、识别与癌症相关的重要基因是生物信息学研究的一个重要课题, 对癌症患者早期诊断和进行个性化治疗具有重要意义。它不仅能提高患者的生存率, 而且能提高患者的生存质量。

目前, 民众迫切追求高质量医疗服务, 但是医疗成本处于单调递增状态, 因此提高质量和降低成本已成为医疗服务业关注的焦点。一方面, 我国医院长期以来将重点放在质量管理方面,并取得了较大进步;另一方面, 医院还需要加强对疾病诊断和治疗过程的科学管理, 尽量避免治疗的随意性、用药的盲目性、过度检查等现象。如今, 许多医院已经意识到该问题, 并不断寻找解决之道。许多严重的遗传病、绝症等无法用药物进行有效的治疗, 唯有探索人类基因的秘密, 从基因入口进行研究, 才可能从根本上进行解决。

由于人类基因组(测序)计划的稳步实施以及分子生物学等相关学科的迅速发展, 基因序列数据快速增长, 更多的微生物与动植物的基因组序列能够得到测定。所以, 如何研究不同基因在生命过程中所担负的各种功能就成了全球生命科学工作者共同关注的课题。

基因芯片的出现使同时检测成千上万个基因在生物体内活性的梦想成为现实。目前, DNA 微阵列技术已广泛应用于医学、生物学和信息学研究的各个领域, 成为生命科学研究的基本工具, 如基因序列分析[4]、癌症诊断[5-7]及新药研发[8]等。

1999 年，Golub 等[9]在 *Science* 上发表了关于采用基因芯片技术研究癌症分类问题的文章之后，该研究方向逐渐成为生物信息学领域的研究热点之一，医学、计算机科学、控制科学、生物医学等领域的很多研究人员都在该方向做了大量研究，并根据各自的领域知识提出了大量有效的技术与方法。

基因芯片技术[10,11]为解决肿瘤分类问题拓展了新的思路。通过基因芯片获取肿瘤相关基因表达数据，对肿瘤进行分类，是肿瘤诊断的一个全新手段，也是计算机科学、生物信息学、生物医学等的一个重要交叉研究领域[12]，其可以正确分类组织形态相似的肿瘤亚型，不仅能发现肿瘤的致病基因，还能够挖掘肿瘤发生的本质[13]。

基因表达数据具有高维、小样本、分布不平衡和高噪声等特点。如何对此类数据进行模式学习和数据挖掘，是当前模式识别和机器学习领域内的一个研究热点和亟待解决的问题。

基因表达数据的模式识别过程为：首先进行原始数据预处理，然后进行特征选择-提取，最后基于特征进行分类[14]。然而在实际环境下，训练样本集的分布通常是不平衡的，即在含有若干个类别的训练样本集中每个类别的样本数量不相等，甚至相差很多。这种不平衡会使分类器训练、预测偏向于大类样本的类别，从而对决策产生不良影响。因此，在实际应用中必须考虑样本集分布对分类器训练、预测产生的偏向性。

为了有效处理基因表达数据，主要采用神经网络（Neural Networks，NN）、支持向量机（Support Vector Machine，SVM）、超限学习机（Extreme Learning Machine，ELM）以及决策树（Decision Tree，DT）来设计分类器。为了提高分类系统的稳定性，拟利用分类器集成技术，来改进相关算法。分类器集成可以显著地提高分类器系统的泛化能力和输出稳定性，且已经成功地应用到了很多领域，如地震波分类、光学字符识别、人脸识别等。该技术在计算机辅助医疗诊断方面也具有很好的应用前景。

具体研究内容从数据集和分类器两个方面入手。在数据集方面，利用适当的方法进行特征选择，选择与分类目标密切相关的基因提高分类器模型的泛化性能；创造性地结合两种不同的特征选择算法对基因数据集进行特征选择，能够有效地克服传统特征选择算法的弊端。在分类器方面，构建训练集，利用集成方法提高旋转森林（Rotation Forest，RoF）算法的分类精度和稳定性；利用改进后的粒子群算法优化核超限学习机的内权参数，提高分类器的分类精度；根据输出不一致测度，进行相异性集成，提高分类模型的分类精度和稳定性；通过在超限学习机模型中嵌入误分代价因素，实现对肿瘤的代价敏感分类（Cost-Sensitive Classification，CSC）等。

上述研究内容，构建了一种适用于基因表达数据分类问题的算法框架，如图 1-1 所示，提高了肿瘤基因表达数据的分类精度，一定程度上解决了该研究领域的难点问题，对推进高维、不平衡数据的研究具有重要理论意义和实用价值。另外，可将研究成果应用于临床肿瘤分类诊断，深入研究肿瘤的发生发展机理及相关致癌基因的表达与调控，促进肿瘤的预测和预防工作，提高人类健康水平。更进一步，可以将不平衡数据挖掘技术推广到信用卡欺诈检测、网络入侵检测、故障诊断等众多应用领域，这将对社会经济的发展产生重要的推动作用。

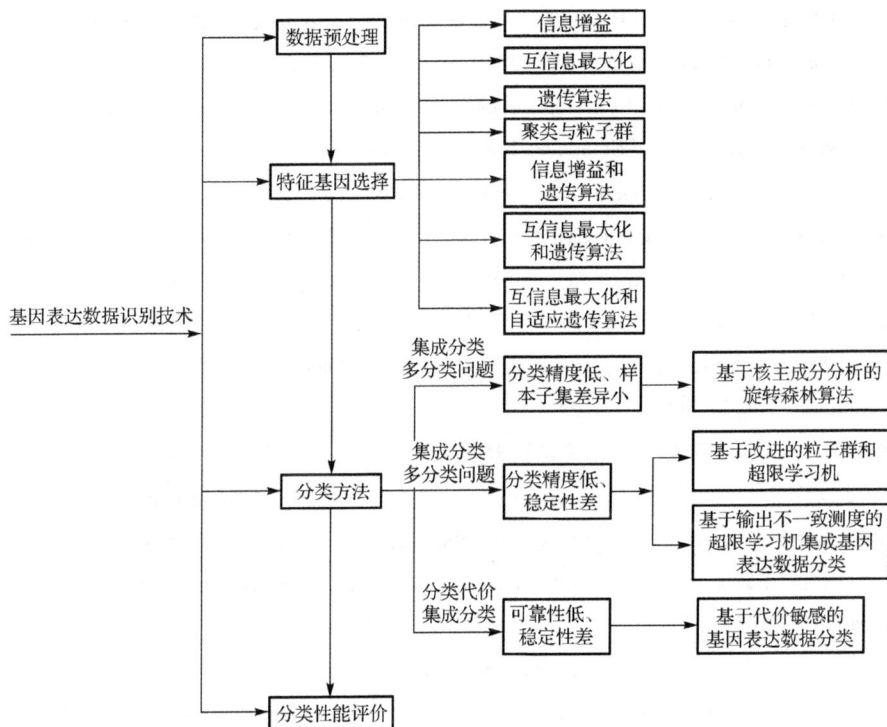

图 1-1 研究内容框架图

# 参 考 文 献

[1] 林森. 大数据解读癌症[J]. 百科知识,2016,(8):4-7.

[2] Fizazi K. Biennial report on genitourinary cancers[J]. European Journal of Cancer, 2016(66): 125-130.

[3] 施京华. 基于数据挖掘的癌症诊疗决策优化研究[D].上海: 上海交通大学, 2011.

[4] Ao S I, Palade V. Ensemble of Elman neural networks and support vector machines for reverse engineering of gene regulatory networks[J]. Applied Soft Computing, 2011, 11(2): 1718-1726.

[5]　Javed K, Wei S, Markus R, et al. Classification and diagnostic prediction of cancers using gene expression profiling and artificial neural networks[J]. Nature Medicine, 2001, 7(6): 673-679.

[6]　Pomeroy L, Pablo T, Michelle G, et al. Prediction of central nervous system embryonal tumor outcome based on gene expression[J]. Nature, 2002, 415(6870): 436-442.

[7]　Ross D T, Scherf U, Eisen B, et al. Systematic variation in gene expression patterns in human cancer cell lines[J]. Nature Genetics, 2000, 24(3): 227-234.

[8]　Valafar F. Pattern recognition techniques in microarray data analysis a survey[J]. Annals of the New York Academy of Sciences, 2002, 980 (1): 41-64.

[9]　Golub T R, Slonim D K, Tamayo P, et al. Molecular classification of cancer: Class discovery and class prediction by gene expression monitoring[J]. Science, 1999, 286(15): 531-537.

[10]　Roobol M J. Contemporary role of prostate cancer gene 3 in the management of prostate cancer[J]. Current Opinion in Urology, 2011, 21(3): 225-229.

[11]　Evans W E, Guy R K. Gene expression as a drug discovery tool[J].Science Translational Medicine, 2011, 3(107): 107-109.

[12]　黄德双. 基因表达谱数据挖掘方法研究[M]. 北京: 科学出版社, 2009.

[13]　Detterbeck F C, Bolejack V, Arenberg D A, et al. The IASLC lung cancer staging project: Background data and proposals for the classification of lung cancer with separate tumor nodules in the forthcoming eighth edition of the TNM classification for lung cancer[J]. Journal of Thoracic Oncology, 2016, 11(5): 681-692.

[14]　Roukos D H. Current status and future perspectives in gastric cancer management[J]. Cancer Treatment Reviews, 2000, 26(4): 243-255.

# 第2章 理论基础与相关工作

## 2.1 基因表达数据特征选择方法

基因表达数据分析作为微阵列技术[1]，蕴涵了巨大的科学价值。它不仅联系了人类基因组序列与临床医学，为人类疾病的诊断和防治开辟了全新的途径，还能够帮助人们探索生物体内基因调控及其相互作用的机理。微阵列可用来检测在不同组织类型中的基因表达差异，如正常细胞和癌细胞，或不同阶段的癌症，以便进行基因表达数据的分类从而实现疾病的识别和诊断，这就要求研究者建立正确反映这些关系的癌症分类模型。

在基因表达数据分类过程中，由于数据维数高达上万，直接分类不仅时间消耗很大，而且分类精度不高，因此首先需要对其进行降维。通常有两种方法进行降维：一是特征选择，二是特征提取。前者从高维数据中选择部分特征，保持原始数据属性；后者通过空间变换，原始数据属性会被破坏。本章主要介绍采用特征选择技术进行数据降维。

特征选择分为过滤法、缠绕法和嵌入法等。过滤法简单、快速，不依赖于具体的分类算法，基因选择结果可以用于不同类型的分类器。缠绕法与特定的分类器结合，由分类器的分类指标来确定选择哪些基因，在迭代过程中逐步优化特征子集，使得分类精度最大化。嵌入法是对缠绕法的改进，通过在一个特定的分类器训练的过程中进行特征基因选择。

对于过滤法，Golub 等[2]利用信噪比准则对每个特征基因所含分类信息进行排序，定义分类信息指标 $G(k) = |\mu_{k+} - \mu_{k-}| / (\mu_{k+} + \mu_{k-})$，其中 $\mu_{k+}$ 和 $\mu_{k-}$ 分别是第 $k$ 个基因在正负样本中表达量的均值。将 $G(k)$ 升序排列取对应的前 $d$ 个基因，在 Leukemia 数据集上选择 50 个基因，取得了 94.74%的正确率。

Fisher 准则[3]利用基因表达水平的均值和方差定义了基因的分类能力：$J(k) = (\mu_{k+} - \mu_{k-})^2 / (\mu_{k+} + \mu_{k-})$。Fabian 等[4]采用 Fisher 准则的方法在 Leukemia（白血病）数据集上选择出 $J(k)$ 值最大的 5 个基因，采用 8 折交叉验证，使用 SVM 分类器取得了 95%的分类正确率。

李颖新等[5,6]认为即使基因表达均值不同，当方差差异很大时，从生物学角度分析，该基因很可能是与急性淋巴细胞性白血病（Acute Lymphoblastic Leukemia，

ALL)致病机理紧密相关的特征基因,并通过对 Golub 等提出的信噪比方法进行改进,加入了方差因素,取得了更好的结果。

信噪比、t-test 等[7]基于统计量对基因进行打分排序的方法有一个假设:数据集服从正态分布。事实上这种假设通常是不成立的。邓林等[8]证明了多数肿瘤数据集不服从正态分布,并提出基于秩和统计的特征选择方法,利用 SVM 对相关基因表达数据进行训练,建立肿瘤诊断模型,在结肠癌数据和白血病数据上取得了较好效果。信息增益[9]也是一种重要的过滤方法,它通过统计某一个基因在分类系统中提供的信息量,来确定对于该基因在分类系统中的重要程度。过滤法是一种简单有效的方法,但没有考虑各个特征基因之间的相关性,没有对各个特征基因进行优化组合,通常无法获得最优特征子集,而缠绕法则是针对这个缺点提出的。

缠绕法是将特征选择和分类器相结合的方法,如贝叶斯分类器、SVM、神经网络、近邻法等,将分类精度作为评价特征子集的标准。

Chris 和 Peng[10]提出了最小冗余特征选择方法,通过定义基因与分类的相关度和基因之间的冗余度,获得了与分类相关度高、冗余度小的特征子集。Li 等[11]利用遗传算法(Genetic Algorithm,GA)和最大似然分类法对多分类基因表达数据集进行特征选择,降低了特征子集冗余度,在多分类问题中获得了更高的分类精度。Shah 和 Kusiak[12]、Maldonado 和 Weber[13]与 Nguyen 和 Torrea[14]采用遗传算法,在保持较高分类精度的前提下,最小化特征冗余,但这种方法时间复杂度较高。王树林等[15]提出一种以 SVM 分类精度为评价标准的选择特征基因子集的启发式宽度优先搜索算法,其优点是能够有效减少特征基因个数,同时使特征子集包含尽可能多的分类相关信息。肿瘤样本集中各个类别的样本个数通常差异较大,针对此问题,李建中等[16]提出了一种解决样本不平衡问题的与数据分布无关的特征基因选择方法,在最小化类内差异和最大化类间差异的策略下,选择敏感的度量函数提高算法的鉴别能力,利用类内差异和类间差异的一致性来增加算法的稳定性与适用性。

缠绕法通过不断迭代的方式逐步约简特征子集,可以最大限度地减少冗余基因,并保持较高的分类精度。然而由于它需要结合具体的分类器在特征选择过程中进行分类,时间复杂度通常很高。

嵌入法实际上是缠绕法的一个改进,它是通过在一个特定的分类器训练的过程中进行特征基因选择的。一个典型方法是利用 SVM 进行特征基因的递归筛选。其中,SVM 作为一个分类器,首先作用在整个训练样本集上,然后对每个基因,计算剔除该基因时 SVM 分类性能的变化。选择分类函数中关联权重绝对值最小的特征基因,并将其从特征基因集合中剔除,重复此过程直至训练集数据为空,最后一起删除的特征基因子集就是最优分类子集。虽然这样能得到一个理想的特征基因子集,但是其时间复杂度太高。

综上所述，目前的基因表达数据分类的特征选择方法主要是基于特征重要程度排序的过滤法、依赖具体分类器的缠绕法和通过缠绕法改进的嵌入法[17-19]。

## 2.2　神　经　网　络

人工神经网络[20](Artificial Neural Networks，ANN)是对生物神经系统的简单模拟。一组人工神经元按照一定的规则紧密联系在一起，构成神经网络的各层，其中每一个单元有相应的输入，并产生单一的输出。随着计算机技术和生物学的发展，人们对人工神经系统的研究越来越深入。由于实际生物神经系统的复杂性，人工神经系统还只能模拟简单计算、存储记忆等功能。20 世纪 80 年代，Rumelhart[21]提出了感知器模型，首次把神经网络研究应用于工程实践。1986 年，Lecun 等[22]学者提出的多层感知器反向传播(Back Propagation，BP)算法是神经网络领域的重大突破，克服了感知器模型发展的主要困难。目前，ANN 的应用已经渗透到各个领域，如智能控制、模式识别、信号处理、优化计算、生物医学工程等[23]。

人工神经元是构成神经网络的最小单位，一个简单的具有输入、输出、计算功能的人工神经元结构如图 2-1 所示。

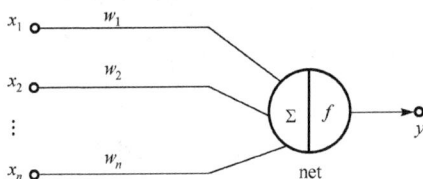

图 2-1　人工神经元结构图

图中 $(x_1, x_2, \cdots, x_n)$ 是输入向量，$(w_1, w_2, \cdots, w_n)$ 是输入向量神经元之间的连接权值，$f$ 为非线性激活函数，神经元计算如下：

$$\text{net} = \sum_{i=1}^{n} w_i x_i \tag{2-1}$$

$$y = f(\text{net}) \tag{2-2}$$

当 $f$ 为阈值函数时，设阈值为 $\theta$，则其输出为

$$y = \text{sgn}(\text{net} - \theta) \tag{2-3}$$

对于要求激活函数 $f$ 可微的情况，一般选取 $f$ 为 Sigmoid 函数(其中 e 为自然常数，约为 2.7)：

$$y = \frac{2}{1 + e^{-2x}} - 1 \tag{2-4}$$

或者

$$y = \frac{1}{1 + e^{-x}} \tag{2-5}$$

Sigmoid 函数具有无限次可微、单调性、非线性的特点，当权值很小时可以近似线性函数，权值很大时可以近似阈值函数。

目前神经网络的模型有很多种，其中最为常见的是基于 BP 算法的多层前向神经网络，这是当前研究的最重要的一种模型。本章神经网络就是采用这种类型。

前向神经网络中神经元按层排列，各层中的神经元接受前一层的输入，并输出到下一层。每个计算单元只有一个输出，但是可以有多个输入，而输出可以耦合到下一层中任意神经元的输入。如图 2-2 所示，网络中第 $i$ 层的输入只与第 $i-1$ 层的输出关联，输入层和输出层与外界相连，中间各层称为隐层，可以有多个。

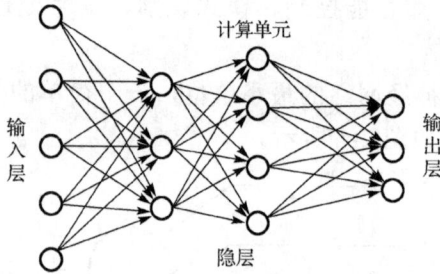

图 2-2　前向神经网络图

如图 2-2 所示，两层前向神经网络只能用来解决线性可分问题，多层前向神经网络虽然具有较广的应用范围，可以任意逼近非线性函数，但网络训练方法较为复杂，关键问题是隐层神经元不与外界联系，无法直接计算其输出误差以连接调整权值。

为解决这一问题，Rumelhart 等学者[24]提出了多层感知器 BP 算法，其主要思想是从输出层逐层向前反向传播误差计算隐层单元的误差，进而调整权值。算法分为两个阶段：第一阶段为前向计算，输入数据依次经过输入层、隐层计算各单元的输出值；第二阶段为反向传播，从输出层逐层向前计算隐层单元误差，同时调整前一层与当前层的连接权值。

BP 算法[25]中最常用的权值修正方法是梯度下降法，此时激活函数必须可微，可以采用 Sigmoid 函数。不失一般性，这里以某层的第 $j$ 个单元为例，$w_{ij}$ 为前一层第 $i$ 个单元与本单元的连接权值，$w_{jk}$ 为本单元与后一层第 $k$ 个单元的连接权值，如图 2-3 所示。

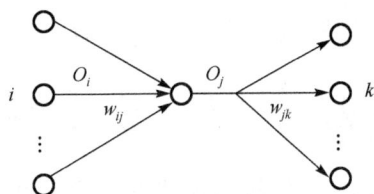

图 2-3　反向传播算法输入输出

第一个阶段：前向计算。

$$\text{net}_j = \sum_i w_{ij} O_i \tag{2-6}$$

$$O_i = f(\text{net}_j) \tag{2-7}$$

第二个阶段：反向传播误差。

对于输出层，设 $O_j = \hat{y}_i$ 是实际输出值，$y_i$ 是期望输出值，此时输出误差为

$$E = \frac{1}{2} \sum_j (\hat{y}_j - y_j)^2 \tag{2-8}$$

为使误差以最快速度减小，权值应沿误差梯度的反方向调整，因此可定义权值的修正量为

$$\Delta w_{ij} = -\eta \frac{\partial E}{\partial w_{ij}}, \eta > 0 \tag{2-9}$$

$$w_{ij}(t+1) = w_{ij}(t) + \Delta w_{ij}(t) \tag{2-10}$$

式中，$\eta$ 为权值调整尺度，通常为大于 0 的实数，值越大，权值调整幅度越大，但可能引起"振荡"现象。对式 (2-9) 应用链式法则：

$$\Delta w_{ij} = -\eta \frac{\partial E}{\partial w_{ij}} = -\eta \frac{\partial E}{\partial \text{net}_j} \cdot \frac{\partial \text{net}_j}{\partial w_{ij}} = -\eta \delta_j O_i \tag{2-11}$$

$$\delta_j = \frac{\partial E}{\partial \text{net}_j} \tag{2-12}$$

式 (2-11) 中，$O_i$ 是输入值，可以直接计算，$\eta$ 是自定义学习尺度，剩下的任务就是计算 $\delta_j$ 了。

若节点 $j$ 是输出单元，则 $O_j = \hat{y}_i$。

$$\delta_j = \frac{\partial E}{\partial \text{net}_j} = \frac{\partial E}{\partial \hat{y}_j} \cdot \frac{\partial \hat{y}_j}{\partial \text{net}_j} = -(y_j - \hat{y}_j) f'(\text{net}_j) \tag{2-13}$$

若节点 $j$ 是隐层单元，由图 2-3 可知，$O_j$ 对后面各层都有影响。因此有

$$\delta_j = \frac{\partial E}{\partial \text{net}_j} = \sum_k \frac{\partial E}{\partial \text{net}_k} \cdot \frac{\partial \text{net}_k}{\partial O_j} \cdot \frac{\partial O_j}{\partial \text{net}_j} = \sum_k \delta_k w_{jk} f'(\text{net}_j) \qquad (2\text{-}14)$$

为了加快收敛速度，减小产生振荡现象的概率，往往在权值调整量中加入上一次的调整量，即

$$w_{ij}(t+1) = -\eta \delta_j O_i + \alpha \Delta w_{ij}(t), \alpha > 0 \qquad (2\text{-}15)$$

BP 算法中网络的初始权值对算法的收敛速度有很大影响，通常用较小的随机数(如 ±0.3 区间)作为初始权值。两个关键参数 $\eta$ 和 $\alpha$ 的取值也会影响网络收敛速度和泛化能力，可以在实验中尝试不同的参数以获得较好的效果。一般 $\eta$ 可以在 0.1~3 试探，$\alpha$ 取值在 0.1~1。

对于网络的隐层层数、隐层中的节点数的设置，没有特别有效的理论指导。大量实验表明，单隐层网络可逼近具有任意复杂度的非线性函数。因此根据问题复杂度，隐层数设置在 1~3 即可。对于隐层中的节点数，若样本类别数为 $N$，一般设为 $N+1$ 即可，过多的节点数可能引起过拟合，同时也会增加计算量。

神经网络可以发现大规模数据集中蕴含的复杂非线性关系，在各个领域已经获得了一系列成功的应用，它具有以下特点。

(1)良好的学习能力。能够通过对输入数据进行学习，进而形成相应的网络模型，然后对其他数据进行判断。

(2)并行处理能力。能够在计算机内达到较高的并发度，大大提高运算速度，并且能够在最短的时间内找到最优解。

尽管神经网络有很多优点，但也存在一些需要解决的问题。

(1)参数设置。由于缺乏严密数学理论的支持，其实际应用效果往往取决于使用者的经验，对同一问题不同的参数设置可能会导致完全不同的结果。网络的参数配置通常需要经过大量的实验，这为其应用带来了很大不便。

(2)局部最优。最常使用的基于梯度下降的误差反向传播算法，由于在计算中对函数求极值，而函数可能存在多个局部极小点，可能陷入局部最优。

(3)过拟合。在神经网络训练中，经常遇到的一个问题是训练精度可以达到 100%，但预测精度不高，即泛化能力不佳。这是由于训练集过小，而训练次数过多，导致网络对训练数据过度拟合，反而引起泛化能力下降。

(4)训练耗时。神经网络对非线性问题的无限逼近能力是建立在数据集足够大的基础上的。但随着数据集的增大，训练耗时也随之上升，如何加快网络训练速度，是需要解决的一个问题。

## 2.3　支持向量机

支持向量机 (SVM) 是由 Vapnik 领导的 AT&T Bell 实验室研究小组[26]在 1992 年提出的一种分类技术。它建立在统计学习理论的 VC 维 (Vapnik-Chervonenkis Dimension) 理论和结构风险最小原理基础上，根据有限的样本信息，在模型的复杂性和学习能力之间寻求最佳折中，以获得最好的推广能力。它克服了神经网络、决策树等算法收敛速度慢、容易陷入局部极小的问题，在解决小样本、非线性及高维模式识别问题中表现出许多特有的优势，如泛化性能好、推广性强，并能够推广应用到函数拟合等其他机器学习问题中。现在 SVM 已经在许多领域，如肿瘤分类、人脸识别、文本和手写识别等，取得了成功的应用[27]。

如图 2-4 所示，有一些训练数据的正负样本，标记为 $\{x_i, y_i\}, i = 1, \cdots, l, y_i \in \{-1, 1\}$，$x_i \in \mathbf{R}^d$，假设有一个超平面 $H$：$w \cdot x + b = 0$ 可以把这些样本正确无误地分割开来，同时存在两个平行于 $H$ 的超平面 $H_1$ 和 $H_2$：

$$w \cdot x + b = 1$$
$$w \cdot x + b = -1 \tag{2-16}$$

使离 $H$ 最近的正负样本刚好分别落在 $H_1$ 和 $H_2$ 上，这样的样本就是支持向量，那么其他所有的训练样本都将位于 $H_1$ 和 $H_2$ 之外，也就是满足如下约束：

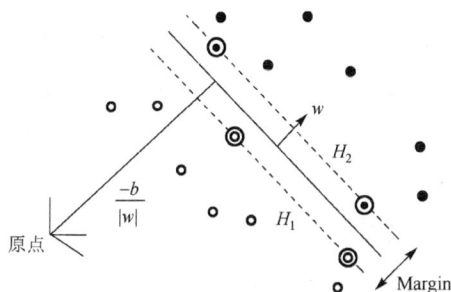

图 2-4　SVM 分类图

$$w \cdot x_i + b \geq 1, \quad y_i = 1$$
$$w \cdot x_i + b \leq 1, \quad y_i = -1 \tag{2-17}$$

式 (2-17) 可以简写成：

$$y_i(w \cdot x_i + b) - 1 \geq 0 \tag{2-18}$$

而超平面 $H_1$ 和 $H_2$ 的距离可知为

$$\text{Margin} = \frac{2}{\|w\|} \tag{2-19}$$

SVM 的任务就是寻找这样一个超平面 $H$ 把样本无误地分割成两部分，并且使 $H_1$ 和 $H_2$ 的距离最大。要找到这样的超平面，只需最大化间隔 Margin，也就是最小化 $\|w\|$。于是可以构造如下的条件极值问题：

$$\begin{cases} \min \dfrac{\|w\|^2}{2} \\ \text{s.t. } y_i(w \cdot x_i + b) - 1 \geqslant 0 \end{cases} \tag{2-20}$$

对于不等式约束的条件极值问题，可以用拉格朗日方程求解。而拉格朗日方程的构造规则是：用约束方程乘以非负的拉格朗日系数，然后再从目标函数中减去。于是得到拉格朗日方程如下：

$$\begin{aligned} L(w,b,x_i) &= \frac{1}{2}\|w\|^2 - \sum_{i=1}^{l} x_i y_i (w \cdot x_i + b - 1 \geqslant 0) \\ &= \frac{1}{2}\|w\|^2 - \sum_{i=1}^{l} x_i y_i (w \cdot x_i + b) + \sum_{i=1}^{l} x_i \end{aligned} \tag{2-21}$$

式中，$x_i \geqslant 0$。 $\tag{2-22}$

那么要处理的规划问题就变为

$$\begin{aligned} &\min \max L(w,b,\alpha_i) \\ &w,b,\alpha_i \geqslant 0 \end{aligned} \tag{2-23}$$

这是一个凸规划问题，其意义是先对 $\alpha_i$ 求偏导，令其等于 0 消掉 $\alpha_i$，然后再对 $w$ 和 $b$ 求 $L$ 的最小值。要直接求解式 (2-23) 是有难度的，通过消去拉格朗日系数来化简方程，对上述问题无济于事。所幸这个问题可以通过拉格朗日对偶问题来解决，为此把式 (2-23) 做等价变换：

$$\max_{w,b} \min_{\alpha_i \geqslant 0} L(w,b,\alpha_i) = \min_{\alpha_i \geqslant 0} \max_{w,b} L(w,b,\alpha_i) \tag{2-24}$$

式 (2-24) 即为对偶变换，这样就把这个凸规划问题转换成了对偶问题：

$$\max_{\alpha_i \geqslant 0} \min_{w,b} L(w,b,\alpha_i) \tag{2-25}$$

其意义是：原凸规划问题可以转化为先对 $w$ 和 $b$ 求偏导，令其等于 0 消掉 $w$ 和 $b$，然后再对 $\alpha_i$ 求 $L$ 的最大值。下面来求解式 (2-25)，为此需要先计算 $w$ 和 $b$ 的偏导数。由式 (2-21) 有

$$\begin{aligned} \frac{\partial L(w,b,\alpha_i)}{\partial w} &= w - \sum_{i=1}^{l} \alpha_i y_i x_i \\ \frac{\partial L(w,b,\alpha_i)}{\partial b} &= -\sum_{i=1}^{l} \alpha_i y_i \end{aligned} \tag{2-26}$$

为了让 $L$ 在 $w$ 和 $b$ 上取到最小值，令式 (2-26) 的两个偏导数分别为 0，于是得到

$$w = \sum_{i=1}^{l} \alpha_i y_i x_i$$

$$\sum_{i=1}^{l} \alpha_i y_i = 0$$

(2-27)

将式 (2-27) 代入式 (2-21)，可得

$$
\begin{aligned}
\min_{w,b} L(w,b,\alpha_i) &= \frac{1}{2}\|w\|^2 - w\cdot\sum_{i=1}^{l}\alpha_i y_i x_i - b\cdot\sum_{i=1}^{l}\alpha_i y_i + \sum_{i=1}^{l}\alpha_i \\
&= \frac{1}{2}\|w\|^2 - w\cdot w - b\cdot 0 + \sum_{i=1}^{l}\alpha_i \\
&= \sum_{i=1}^{l}\alpha_i - \frac{1}{2}\|w\|^2 \\
&= \sum_{i=1}^{l}\alpha_i - \frac{1}{2}\sum_{i=1}^{l}\sum_{i=1}^{l}\alpha_i\alpha_j y_i y_j (x_i\cdot x_j)
\end{aligned}
$$

(2-28)

再把式 (2-28) 代入式 (2-25) 有

$$\max_{\alpha_i\geqslant 0}\min_{w,b} L(w,b,\alpha_i) = \max_{\alpha_i\geqslant 0}\left[\sum_{i=1}^{l}\alpha_i - \frac{1}{2}\sum_{i=1}^{l}\sum_{i=1}^{l}\alpha_i\alpha_j y_i y_j (x_i\cdot x_j)\right]$$

(2-29)

考虑到式 (2-27)，对偶问题就变为

$$
\begin{cases}
\max_{\alpha_i\geqslant 0}\left[\sum_{i=1}^{l}\alpha_i - \frac{1}{2}\sum_{i=1}^{l}\sum_{i=1}^{l}\alpha_i\alpha_j y_i y_j (x_i\cdot x_j)\right] \\
\text{s.t.}\sum_{i=1}^{l}\alpha_i y_i = 0 \\
\alpha_i \geqslant 0
\end{cases}
$$

(2-30)

式 (2-30) 的规划问题可以直接从数值方法计算求解。

需要指出的一点是，式 (2-20) 的条件极值问题能够转化为式 (2-23) 的凸规划问题，其中隐含着一个约束：

$$\alpha_i(y_i(w\cdot x_i + b) - 1) = 0$$

(2-31)

如果式 (2-20) 和式 (2-23) 等效，必有

$$\max_{\alpha_i\geqslant 0} L(w,b,\alpha_i) = \frac{1}{2}\|w\|^2$$

(2-32)

把式 (2-21) 代入式 (2-32) 中，得到

$$\frac{1}{2}\|w\|^2 = \max_{\alpha_i \geqslant 0}\left\{\frac{1}{2}\|w\|^2 - \sum_{i=1}^{l}\alpha_i\left[y_i(w\cdot x_i + b) - 1\right]\right\}$$

$$= \frac{1}{2}\|w\|^2 - \min_{\alpha_i \geqslant 0}\left\{\sum_{i=1}^{l}\alpha_i\left[y_i(w\cdot x_i + b) - 1\right]\right\} \tag{2-33}$$

化简得到

$$\min_{\alpha_i \geqslant 0}\left\{\sum_{i=1}^{l}\alpha_i\left[y_i(w\cdot x_i + b) - 1\right]\right\} = 0 \tag{2-34}$$

又因为约束式 (2-17) 和式 (2-31)，有

$$\alpha_i(y_i(w\cdot x_i + b) - 1) \geqslant 0 \tag{2-35}$$

所以要使式 (2-34) 成立，只有令：$\alpha_i(y_i(w\cdot x_i + b) - 1) = 0$，由此得到式 (2-31) 的约束。该约束的意义是：如果一个样本是支持向量，则其对应的拉格朗日系数非零；如果一个样本不是支持向量，则其对应的拉格朗日系数一定为 0。由此可知大多数拉格朗日系数都是零。

一旦从式 (2-30) 求解出所有拉格朗日系数，就可以通过式 (2-27) 计算：

$$w = \sum_{i=1}^{l}\alpha_i y_i x_i \tag{2-36}$$

得到最优分割面 $H$ 的法向量 $w$。而分割阈值 $b$ 也可以通过式 (2-30) 的约束用支持向量计算出来。这样就找到了最优的 $H_1$ 和 $H_2$，这就是训练出来的 SVM。

以上是针对线性 SVM 问题的推导。对于非线性问题，可以设法通过非线性变换转换为另一空间的线性问题，在这个空间求最优或最广义分类面，主要通过松弛变量 (惩罚变量) 和核函数技术来实现，常用的核函数如下。

(1) 多项式核函数

$$K(x, x_i) = [(x\cdot x_i) + 1]^q \tag{2-37}$$

(2) 径向基核函数

$$K(x, x_i) = \exp\left[-\frac{(x - x_i)^2}{\sigma^2}\right] \tag{2-38}$$

(3) S 型核函数

$$K(x, x_i) = \tanh(v\cdot(x\cdot x_i) + c) \tag{2-39}$$

SVM 可以发现数据集中的复杂非线性关系，在各个领域已经获得了一系列成功的应用，该算法通过最小化经验风险和置信范围，克服了神经网络易于陷入局部极值和需要较大训练集的缺点，提高了学习算法的泛化能力。但是，因为 SVM 使用了适当的非线性映射，二分类的数据总可以被超平面分开，即使最快的 SVM 训练时间也非常长[28]。

# 2.4　超限学习机

前馈神经网络(Feedforward Neural Network，FNN)作为应用最广泛的神经网络之一，由于它是一类注重系统学习功能，不注重系统动力学行为，不包含神经元输出对输入的大量反馈的神经网络，因此它已经在很多领域(图像处理、语音识别等)得到了广泛的应用。但是在过去几十年的应用中，前馈神经网络算法较慢的学习速度，使得它不能够满足实际的需求，限制了它的发展。其中两个关键原因可能是：第一，前馈神经网络算法的训练过程需要用基于梯度的学习算法，而基于梯度的学习算法在大多时候是非常缓慢和费时的；第二，这些前馈神经网络算法的所有参数都需要反复调整，这样就增大了时间复杂度，大大增加了学习时间。此外，参数调整过程也非常费时。

为了解决上述前馈神经网络算法学习速度缓慢这一问题，Huang 等[29]提出了一种新的单隐层前馈神经网络——超限学习机(ELM)。ELM 作为一种特殊的前馈神经网络，它的隐层加权值是随机产生的，它的隐层所有参数(输入层权值和隐层节点阈值)是随机产生的，输出层权重是通过计算确定的，因此它不需要通过迭代的方法去调整参数，只需在给定隐层加权值的情况下，通过最小二乘的方法将输出层权重计算出来，就可以完成神经网络的训练过程。因此它在理论上很好地解决了前馈神经网络算法学习速度缓慢的问题。

ELM 算法泛化性能比较好而且学习速度非常快[30]。相关实验结果表明，ELM 算法在大多数情况下，可以产生良好的泛化性能和比传统的前馈神经网络算法快上千倍的学习速度。

在所有的神经网络模型中，单隐层前馈神经网络(Single-hidden Layer Feedforward Neural Network，SLFN)是神经网络中最重要模型之一，已经被广泛地应用到很多领域，这与其良好的性能是分不开的[31]。它的优点包括：SLFN 可以直接利用从复杂的样本拟合成的复杂的非线性映射；针对传统的参数选择技术很难解决的大样本数据和人工干预现象，SLFN 可以提供一个很好的模型。另外，SLFN 也有它不可避免的缺点：学习速度慢。SLFN 的结构包括输入层、隐层和输出层，输入层负责接收外界信息(即输入数据)，起到数据传递作用；隐层通过激活函数来对输入层传递来的信息进行非线性变换，并将变换后的数据经过输出层权重加权之后传递给输出层；输出层是线性的，负责向外界输出信息处理结果，并和预期结果进行比较。

从计算的角度看，研究前馈神经网络算法的逼近能力集中在两个方面：紧凑的输入集和有限的训练集。很多研究者已经探索了标准的多层前馈神经网络算法的普遍逼近能力。Hornik[32]证明了：如果激活函数是连续、有界和非恒定的，那么紧凑型输入集可以通过神经网络得到一个逼近的连续映射。Leshno 等[33]改善了Hornik 的结果，并证明：一个非多项式的前馈神经网络可以近似于一个连续函数。在实际应用中，神经网络是在有限的训练集中被训练出来的。对于有限训练集的逼近函数，Huang 和 Babri[34]认为，如果单隐层前馈神经网络的隐藏节点小于 $N$ 且有非线性激活函数，那么它可以学习 $N$ 个不同的观察值。需要注意的是，在以前所有的理论研究和几乎所有的前馈神经网络算法中，输入权重和输入层偏置都需要调整。

传统上，前馈神经网络算法的所有参数都是需要调整的，因此不同层参数之间存在一定的依赖关系。在过去的几十年中，基于梯度下降的方法[35]已经被广泛地应用在各种前馈神经网络算法中。但是，基于梯度下降的学习算法由于过多的学习步骤以及容易导致局部极小的现象，它的运行速度普遍比较慢。很多算法为了能够达到好的效果都需要多次迭代，如图 2-5 所示。

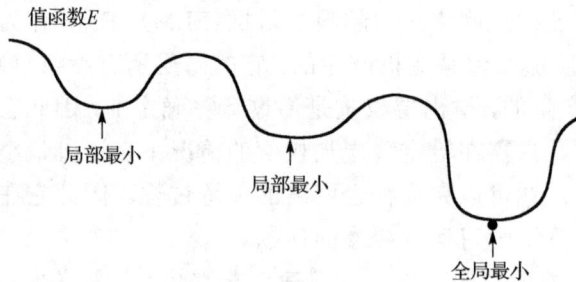

图 2-5　BP 算法局部最小化现象

与前馈神经网络算法参数进行调整的方法不同的是，ELM 在应用中并不需要调整输入权重和初始隐层偏置。此外，一些虚拟数据集和实际应用的仿真中，已经证明了 ELM 不仅学习速度非常快，而且拥有更好的泛化性能。

如果隐层激活函数是无限可微的，那么 SLFN 的输入层权重以及隐层偏置可以随机产生。在输入层权重和隐层偏置随机产生以后，SLFN 可以被简单地认为是一个线性的系统，SLFN 的输出层权重可以通过计算隐层输出矩阵的广义逆矩阵确定。

对于 $N$ 个任意不同的样本 $(x_i, y_i)$，这里 $x_i = [t_{i1}, t_{i2}, \cdots, t_{in}] \in \mathbf{R}^n$，$L$ 个隐层节点和以 $g(x)$ 为激活函数的标准的 SLFN 可以表示为如下模型：

$$\sum_{i=1}^{N} \beta_i g(x_j) = \sum_{i=1}^{N} \beta_i g(w_i, b_i, x_i) = o_j, \quad j = 1, \cdots, N \qquad (2\text{-}40)$$

式中，$w_i = [w_{i1}, w_{i2}, \cdots, w_{in}]^{\mathrm{T}}$ 是连接第 $i$ 隐层和输出层的权向量，$\beta_i = [\beta_{i1}, \beta_{i2},$

$\cdots, \beta_{im}]^{\mathrm{T}}$ 是连接隐层节点和输出层节点的权向量，$b_i$ 是第 $i$ 层输出节点的阈值。这里 $g(x)$ 为激活函数，且当激活函数为加性函数时，隐层节点就成为相应的加性隐层节点，此时隐层节点的输出为

$$g(w_i, b_i, x) = g(w_i \cdot x + b_i) \tag{2-41}$$

式中，$w_i \cdot x_j$ 表示 $w_i$ 和 $x_j$ 的内积。

常用的激活函数如下。

（1）Sigmoid 函数

$$g(x) = \frac{1}{(1 + \mathrm{e}^{-x})} \tag{2-42}$$

（2）Sin 函数

$$g(x) = \sin x \tag{2-43}$$

（3）Hardlim 函数

$$g(x) = \begin{cases} 1, & x \geqslant 0 \\ 0, & x < 0 \end{cases} \tag{2-44}$$

（4）多项式函数

$$g(x) = 0.1(\mathrm{e}^x + x^2 \cos x^2 + x^2)$$

当激活函数为径向基函数（Radial Basis Function，RBF）时，隐层节点就成为相应的 RBF 隐层节点，如图 2-6、图 2-7 所示，此时隐层节点的输出为

$$g(w_i, b_i, x) = g(b_i \|w_i - x\|) \tag{2-45}$$

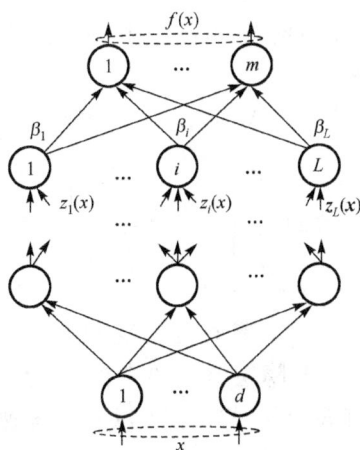

图 2-6　多隐层前馈神经网络

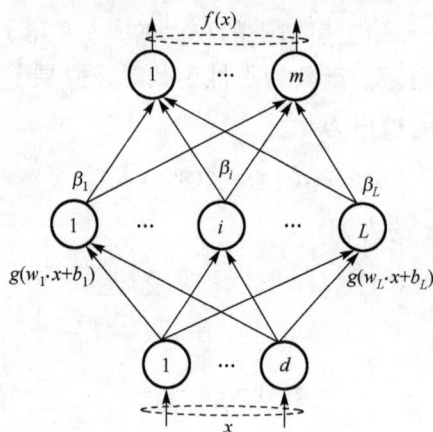

图 2-7　单隐层前馈神经网络

这个标准的 $L$ 个隐藏节点且激活函数为 $g(x)$ 的 SLFN 可以零误差地逼近下面

这 $N$ 个样本，即 $\sum_{j=1}^{N}\|o_j - t_j\| = 0$，也就是说，存在 $\beta_i, w_i$ 以及 $b_i$ 使得式 (2-46) 成立。

$$\sum_{i=1}^{N}\beta_i g(x_i) = \sum_{i=1}^{N}\beta_i g(w_i, b_i, x_j)$$
$$= t_j, \quad j = 1, \cdots, N \tag{2-46}$$

上述 $N$ 个方程可以写成紧凑的形式：

$$H\beta = T \tag{2-47}$$

式中

$$H(w_1, \cdots, w_N, b_1, \cdots, b_N, x_1, \cdots, x_N)$$
$$= \begin{bmatrix} h(x_1) \\ \vdots \\ h(x_N) \end{bmatrix} = \begin{bmatrix} g(w_1 \cdot x_1 + b_1) & \cdots & g(w_L \cdot x_1 + b_L) \\ \vdots & & \vdots \\ g(w_1 \cdot x_N + b_1) & \cdots & g(w_L \cdot x_N + b_L) \end{bmatrix}_{N \times L} \tag{2-48}$$

$$\beta = \begin{bmatrix} \beta_1^{\mathrm{T}} \\ \vdots \\ \beta_L^{\mathrm{T}} \end{bmatrix}_{L \times m}, \quad T = \begin{bmatrix} t_1^{\mathrm{T}} \\ \vdots \\ t_N^{\mathrm{T}} \end{bmatrix}_{N \times m} \tag{2-49}$$

其中，$H$ 对应于输入 $x_1, x_2, \cdots, x_N$，被称为神经网络隐层输出矩阵。如果激活函数 $g$ 是无限可微的，证明了必需的隐层节点的个数 $L \leqslant N$，可以得出以下结论。

如果给定一个标准的有 $N$ 个隐藏节点和以 $g(x)$ 为激活函数的 SLFN，对于任意 $N$ 个不同的样本 $(x_i, t_i)$，从区间 $\mathbf{R}^n$ 和 $\mathbf{R}$ 中分别随机产生 $w_i$ 和 $b_i$，根据任意连续

概率分布的情况，SLFN 的输出层矩阵 $H$ 是可逆的，且 $\|H\beta - T\| = 0$，给定任意小的正数 $\varepsilon > 0$，可以得出

$$\|H_{N \times L}\beta - T_{N \times m}\| < \varepsilon \tag{2-50}$$

另外，可以很简单地选择 $N=L$，由上面结果便可以得到式 (2-47)。

习惯上，为了训练一个 SLFN，总是希望能够找到特定的 $w_i, b_i, \beta(i = 1, 2, \cdots, N)$ 以满足方程：

$$\left\|H(\hat{w}_1, \cdots, \hat{w}_L, \hat{b}_1, \cdots, \hat{b}_L)\hat{\beta} - T\right\| = \min_{w_i, b_i, \beta}\left\|H(w_1, \cdots, w_L, b_1, \cdots, b_L)\hat{\beta} - T\right\| \tag{2-51}$$

这个方程是最小化损失函数：

$$E = \sum_{j=1}^{N}\left[\sum_{i=1}^{\tilde{N}}\beta_i g(w_i \cdot x_j + b_i) - t_j\right]^2 \tag{2-52}$$

这里 $H$ 是未知的，是通过梯度递减的学习方法寻找最小的 $\|H\beta - T\|$。在最小化的过程中用到梯度递减的方法，满足下列方程：

$$W_k = W_{k-1} - \eta\frac{\partial E(W)}{\partial W} \tag{2-53}$$

式中，$W$ 是权重，$b_i$ 是偏置，$\eta$ 是它的学习速率。

流行的前馈神经网络算法是 BP 算法的一种，它的梯度可以根据输入到输出传递计算出来。但是 BP 算法还存在很多需要改进的地方，如下所示。

当学习速率 $\eta$ 太小时，学习算法就会非常慢。然而当 $\eta$ 太大时，学习算法就会变得很不稳定。另一个影响是 BP 算法性能由于误差平面的特殊性存在局部极小的可能。如果局部极小值远远大于全局最小值时就停止运算的话，便会不符合实际。神经网络运用 BP 算法可能产生过训练，其学习算法在很多应用中十分耗时。

上述内容引出了一种简单的 SLFN 算法，通常被叫做 ELM 算法。在 ELM 算法中输入权重 $w_i$ 和偏置 $b_i$ 实际上是不需要调整的，隐层输出 $H$ 是不变的。对于固定的权重 $w_i$ 和偏置 $b_i$，从式 (2-50) 中可以简单地通过最小二乘法求解线性系统 $H\beta - T \geq 0$ 寻找 $\beta$ 来训练一个 SLFN：

$$\left\|H(\hat{w}_1, \cdots, \hat{w}_L, \hat{b}_1, \cdots, \hat{b}_L)\hat{\beta} - T\right\| = \min_{\beta}\left\|H(w_1, \cdots, w_L, b_1, \cdots, b_L)\hat{\beta} - T\right\| \tag{2-54}$$

如果隐层数目 $L$ 和训练样本的数目 $N$ 是相等的，即 $L = N$，那么当输入权重 $w_i$ 和偏置 $b_i$ 随机产生的时候，$H$ 是可逆的方阵，且 SLFN 可以零误差地拟合上述训练样本。然而，在很多情况下隐层节点是比训练样本数目少很多的，$H$ 不是一个方阵，因此不存在参数 $w_i, b_i, \beta(i = 1, 2, \cdots, L)$ 使得 $H\beta = T$ 成立。用最小二乘法解决上述线性系统的结果为

$$\hat{\beta} = H^{\dagger}T \tag{2-55}$$

式中，$H^{\dagger}$ 是 $H$ 的 Moore-Penrose 广义逆。

由以下 ELM 算法的定义可以得出上述解法的重要特性。

(1)最小训练误差。特殊的解决方法 $\hat{\beta} = H^{\dagger}T$ 是线性系统 $H\beta = T$ 的一个最小二乘法。

$$\left\| H\hat{\beta} - T \right\| = \left\| HH^{\dagger}T - T \right\| = \min_{\beta} \left\| H\beta - T \right\| \tag{2-56}$$

(2)权重最小的形式。更进一步说，特殊的解决方程 $\hat{\beta} = H^{\dagger}T$ 在所有的最小二乘解 $H\beta = T$ 中拥有最好的泛化性能。

$$\left\| \hat{\beta} \right\| = \left\| H^{\dagger}T \right\| \leqslant \left\| \beta \right\|, \forall \beta \in \left\{ \beta : \left\| H\beta - T \right\| \leqslant \left\| Hz - T \right\|, \forall z \in \mathbf{R}^{L \times N} \right\} \tag{2-57}$$

式中，$L$ 为隐层数目，$N$ 为训练样本数目。

(3) $H\beta = T$ 最小二乘解是唯一的，$\hat{\beta} = H^{\dagger}T$。

SLFN 在输入权值和隐层节点阈值任意选取后，就可以认为是一个线性系统，并且其输出权值可以通过隐层输出矩阵得到。从而，ELM 算法可以归纳为：给定一个训练集 $\{(x_i, \ y_j)\}_{j=1}^{N}$，激活函数为 $g(x)$，隐层节点个数为 $L$，算法步骤如下：

(1)随机产生输入权重 $w_i$ 和偏置 $b_i, i = 1, 2, \cdots, L$；

(2)计算隐层输出矩阵 $H$；

(3)求解 $\tilde{\beta}$，其中 $\tilde{\beta} = H^{\dagger}T$，$H^{\dagger} = (H^{\mathrm{T}}H)^{-1}H^{\mathrm{T}}$。

ELM 算法是一种单隐层前馈神经网络的学习算法，其学习速度比常用的机器学习算法(如 BP 神经网络和 SVM 等)快上千倍，并且能获得很好的泛化性能。

因此，相比传统的机器学习方法，ELM 算法有以下几个优点。

(1)ELM 算法的学习速度非常快，且在多数情况下比一般的基于梯度的学习算法的泛化性能更好。

(2)传统的基于梯度算法可能存在着一些问题，如局部最小化、学习速率低以及过学习等，而 ELM 算法可以避免这些问题，直接达到一个好的效果。

(3)与传统经典的基于梯度的学习算法不同，ELM 算法使用的激活函数可以不可微，而传统的基于梯度的学习算法的激活函数只能是可微的。

(4)算法简单且使用方便。ELM 算法是一种不需要调整参数的方法，且通过三个步骤即可完成，在使用的时候除了预先确定网络节点数之外，其余参数不用人工调节。

需要指出的是基于梯度的算法如传递式算法可以被前馈神经网络应用，由于 ELM 算法需要一个隐层，因此目前仍然只是适用于单隐层前馈神经网络。但是幸运的是，SLFN 算法理论上在分类过程中能够逼近任何连续的函数。因此可以说

ELM 算法已经在很多领域及实际应用中得到有效且广泛的利用。尽管 ELM 算法相比于前馈神经网络算法有很多良好特性，但也存在着一些不足。

（1）参数设置。虽然 ELM 算法的参数（输入权值、隐层的偏移值）是随机产生的，但是对 ELM 算法的泛化能力有很大的影响，不恰当的参数会导致较差的分类效果。

（2）不平衡数据分类。针对不平衡数据，当数据的不平衡程度比较大或者数据样本数目比较小的情况下，ELM 算法的泛化能力不理想。

## 2.5　集　成　学　习

集成学习[36]是机器学习中的一种新型技术，它主要通过训练多个学习器来解决同一问题。与传统的机器学习不同，集成学习尝试构建多个假设集，并且将这些假设集结合起来。组成集成学习的单个学习器通常被称为基础学习器[37]。

最早的集成学习的研究是 Sheela 和 Dasarathy[38]在 1979 年开始的，这项研究主要采用两个或更多的分类器对特征空间进行划分。在 1990 年 Hansen 和 Salamon[39]展示了人工神经网络的泛化性能显著提高，而采用的方法就是人工神经网络集成学习。集成学习方法比单个学习算法的泛化能力增强了很多，这使得集成学习方法很受瞩目。在实践生活中，为了获得一个好的集成学习器，必须满足两个条件：准确性和多样性。基于分类器集成的基因表达数据分类示意图如图 2-8 所示。

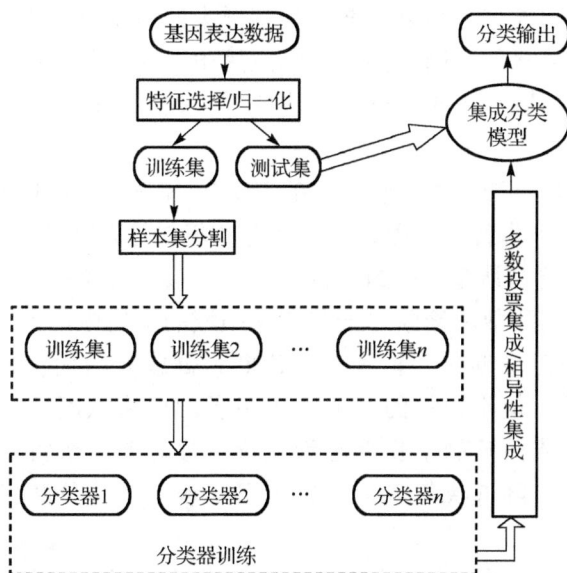

图 2-8　基于分类器集成的基因表达数据分类示意图

个体学习器[40]对同一个问题进行学习是集成学习一个非常重要的性质,这与从个别解求得整体解是不同的,它不是单纯地用分而治之的方法把问题分解为若干个子问题,前者学习的难点在于个体学习器差异的获得,而后者学习的难点在于问题分解上。换一个角度,把集成学习系统中一个个体学习器拿出来,整个问题都是能解决的;而拿出一个个体学习器对后面的系统来说,它只能解决一个子问题,并不能解决整体问题[41]。

## 2.6　代价敏感学习

在拥有两种类标号的数据集中[42],数量比较少的一类被称为少数类或小类别样本类,而另一类则被称为多数类或大类别样本类,具有这样特征的数据集被称为不平衡数据集。正是由于小类别样本和大类别样本分别代表稀缺样本的存在与否,因此它们通常分别被称为正类样本和负类样本[43]。现实世界里,不平衡类问题是常见的,例如,通过对不同患者检查形成的一系列乳腺癌数据库已经在处理不平衡类数据算法中得到广泛应用。其中,癌变病例个数和健康病例个数分别为小类别样本和大类别样本。事实上,非癌变的患者数目要远远大于癌变的患者数目,在实际的乳腺癌数据集中,存在 10923 个健康样本(大类别样本)和 260 个癌变样本(小类别样本)。这种情况还广泛存在于信用卡欺骗检测、文本分类、信息搜索及过滤、市场行为分析等应用中。从这些应用中可以看到,人们主要关心的是数据集中的小类别样本,而且这些小类别样本的错误分类所产生的代价是异常大的,甚至是不可估量的。因此,在实际应用中,通过代价敏感技术提高小类别样本的分类精度进而减少由于误分类造成的重大损失,成为解决实际问题的一个有效方案[44]。

传统的机器学习方法,如比较流行的 ELM、SVM、NN 以及 DT 等,它们都是以“0-1”损失最小为目标。因此,这些分类算法通常隐含着以下假设:第一,每个样本点的误分类都具有相同的代价;第二,接受每个样本的分类结果。但在医疗诊断、欺诈检测和故障诊断等一些实际领域的应用中,上述两个假设并不适用[45]。例如,在医疗诊断中,把患者误诊断为健康人的代价和把健康人误诊断为患者的代价实际上是不相等的。前者以患者的健康状况恶化,甚至以死亡为代价;后者以药物或治疗的不良反应为代价,显然前者所付出的代价远大于后者。在这些情况下,降低决策风险、减小平均误分类代价和提高分类可靠性显得尤为重要。

代价敏感学习是一种考虑了非对称误分类代价,以平均误分类代价最小为衡量标准的机器学习方法。为了减小平均误分类代价,通常是通过提高误分类代价较高的小类别样本集的分类精度来实现的，其目标是代价敏感、要求平均代价最小化。

代价敏感学习通常可以通过抽样算法和调整学习算法实现。抽样技术包括过抽样技术、欠抽样技术、混合抽样技术、特征提取以及高级抽样技术，它们都是通过重构训练类分布，以提高误分类代价较大的原数据中几种小类别样本的分类精度，降低平均误分类代价。调整学习算法包括基于代价敏感的决策树学习、基于代价敏感的贝叶斯学习、基于混合型的代价敏感学习和基于马尔可夫过程及搜索算法的代价敏感学习，它们通过对常用的分类算法进行改进，使之与代价敏感算法结合在一起，共同完成基于代价敏感的分类算法。

# 2.7　决　策　树

决策树(DT)起源于概念学习系统(Concept Learning System，CLS)，其思路是找出最有分辨力的属性，把数据库划分为许多子集（对应树的一个分支），构成一个分支过程；然后对每一个子集递归调用分支过程，直到所有子集包含同一类型的数据；最后得到的决策树能对新的例子进行分类。CLS 的不足是它处理的学习问题不能太大。为此，Quinlan 提出了著名的 ID3 学习算法，它通过选择窗口来形成 DT。

DT 是用于分类和预测的主要技术，它着眼于从一组无规则的事例推理出决策树表示形式的分类规则，采用自顶向下的递归方式，在 DT 的内部节点进行属性值的比较，并根据不同属性判断从该节点向下分支，在 DT 的叶节点得到结论。因此，从根节点到叶节点就对应着一条合理规则，整棵树就对应着一组表达式规则。基于 DT 算法的一个最大的优点是它在学习过程中不需要使用者了解很多背景知识，只要训练事例能够用属性即结论的方式表达出来，就能使用该算法进行学习。

DT 算法构造决策树来发现数据中蕴涵的分类规则。如何构造精度高、规模小的决策树是 DT 算法的核心内容。DT 构造可以分两步进行。第一步，DT 的生成：由训练样本集生成 DT 的过程。一般情况下，训练样本数据集是根据实际需要有历史的、有一定综合程度的、用于数据分析处理的数据集。第二步，DT 的剪枝：DT 的剪枝是对上一阶段生成的 DT 进行检验、校正和修整的过程，主要是用新的样本数据集(称为测试数据集)中的数据校验 DT 生成过程中产生的初步规则，将那些影响预衡准确性的分支剪除。

## 2.8　粒子群算法

粒子群算法，也叫粒子群优化(Particle Swarm Optimization，PSO)算法，是近年来由 Kennedy 和 Eberhart 等开发的一种新的进化算法。PSO 算法属于进化算法的一种，和模拟退火算法相似，它从随机解出发，通过迭代寻找最优解，也可通过适应度来评价解的品质。但它比遗传算法规则更为简单，没有遗传算法的"交叉"和"变异"操作。它通过追随当前搜索到的最优值来寻找全局最优。这种算法以其实现容易、精度高、收敛快等优点引起了学术界的重视，并且在解决实际问题中展示了其优越性。

PSO 算法是一种进化计算技术，源于对鸟群捕食的行为研究。该算法最初是受到飞鸟集群活动的规律性启发，进而利用群体智能建立的一个简化模型。PSO算法在对动物集群活动行为观察的基础上，利用群体中的个体对信息的共享使整个群体的运动在问题求解空间中产生从无序到有序的演化过程，从而获得最优解。

PSO 算法同 GA 类似，是一种基于迭代的优化算法。系统初始化为一组随机解，通过迭代搜寻最优值。但是它没有遗传算法用的交叉以及变异，而是粒子在解空间追随最优的粒子进行搜索。同 GA 比较，PSO 算法的优势在于简单、容易实现并且没有太多参数需要调整，目前已广泛应用于函数优化、神经网络训练、模糊系统控制以及其他遗传算法的应用领域。

## 2.9　遗　传　算　法

遗传算法(GA)是模拟达尔文生物进化论的自然选择和遗传学机理的生物进化过程的计算模型，是一种通过模拟自然进化过程搜索最优解的方法。GA 是从代表问题可能潜在的解集的一个种群开始的，而一个种群则由经过基因编码的一定数目的个体组成。每个个体实际上是染色体带有特征的实体。染色体作为遗传物质的主要载体，即多个基因的集合，其内部表现(即基因型)是某种基因组合，它决定了个体的形状的外部表现，如黑头发的特征是由染色体中控制这一特征的某种基因组合决定的。因此，在一开始需要实现从表现型到基因型的映射即编码工作。由于仿照基因编码的工作很复杂，往往需要进行简化，如二进制编码，初代种群产生之后，按照适者生存和优胜劣汰的原理，逐代演化产生出越来越好的近似解。在每一代，根据问题域中个体的适应度大小选择个体，并借助于自然遗传学的遗传算子进行组合交叉和变异，产生出代表新的解集的种群。这个过程将导致种群像自然进化一样的后生代种群比前代更加适应于环境，末代种群中的最优个体经过解码，可以作为问题近似最优解。

GA 是一类借鉴生物界的进化规律(适者生存、优胜劣汰遗传机制)演化而来的随机化搜索方法。它由美国的 Holland 教授于 1975 年首先提出，其主要特点是直接对结构对象进行操作，不存在求导和函数连续性的限定；具有内在的隐并行性和更好的全局寻优能力；采用概率化的寻优方法，能自动获取和指导优化的搜索空间，自适应地调整搜索方向，不需要确定的规则。GA 的这些性质，已被人们广泛地应用于组合优化、机器学习、信号处理、自适应控制和人工生命等领域。它是现代有关智能计算中的关键技术。

# 2.10　小　　结

本章主要介绍了基因表达数据分类的理论基础和相关工作，首先对基因表达数据特征选择方法进行了综述，介绍了过滤法、缠绕法和嵌入法三种主要方法，并分析了它们存在的缺陷；其次分别介绍神经网络、支持向量机、超限学习机等分类器的由来和原理；最后介绍了集成学习、代价敏感学习等算法的基本理论和研究进展。

## 参 考 文 献

[1] Pacak A, Barciszewska-pack M, Swida-Barteczka A, et al. Heat stress affects pi-related genes expression and inorganic phosphate deposition/accumulation in barley[J]. Frontiers in Plant Science, 2016, 7(926): 1-19.

[2] Golub T R, Slonim D K, Tamayo P, et al. Molecular classification of cancer: Class discovery and class prediction by gene expression monitoring[J]. Brain Research, 1999, 501(2): 205-214.

[3] Vijay C, Lin J, Olivier M, et al. A practical guide to CNNs and Fisher vectors for image instance retrieval[J]. Signal Processing, 2016, 128: 426-439.

[4] Fabian M, Péter A, Alexander O, et al. Feature selection for DNA methylation based cancer classification[J]. Bioinformatics, 2001, 17(supp 1): 157-167.

[5] 李颖新, 阮晓钢. 基于基因表达谱的肿瘤亚型识别与分类特征基因选取研究[J]. 电子学报, 2005, 33(4): 652-656.

[6] 李颖新, 阮晓钢. 基于 SVM 的肿瘤分类特征基因选取[J]. 计算机发展与研究, 2005, 42(10): 1796-1801.

[7]  Yang Y M, Guo C H, Xia Z Q. Independent component analysis for time-dependent processes using AR source model[J]. Neural Processing Letters, 2008, 27(3): 221-236.

[8]  邓林, 马尽文, 裴健. 秩和基因选取方法及其在肿瘤诊断中的应用[J]. 科学通报, 2004, 49(13): 1311-1316.

[9]  Hyvarinen A. Fast and robust fixed-point algorithms for independent component analysis[J]. IEEE Transactions on Neural Networks, 1999, 10(3): 626-634.

[10]  Chris D, Peng H C. Minimum redundancy feature selection from microarray gene expression data[C]//Proceedings of the Computational Systems Bioinformatics, 2003: 523-529.

[11]  Li S T, Wu X X, Hu X Y. Gene selection using genetic algorithm and support vectors machines[J]. Soft Compute, 2008, 12(7): 693-698.

[12]  Shah S, Kusiak A. Cancer gene search with data-mining and genetic algorithms[J]. Computers in Biology and Medicine, 2007, 37(2): 251-261.

[13]  Maldonado S, Weber R. A wrapper method for feature selection using support vector machines[J]. Information Sciences, 2009, 179(13): 2208-2217.

[14]  Nguyen M H, Torrea F D. Optimal feature selection for support vector machines[J]. Pattern Recognition, 2010, 43(3): 584-591.

[15]  王树林, 王戟, 陈火旺, 等. 肿瘤信息基因启发式宽度优先搜索算法研究[J]. 软件学报, 2008, 31(4): 636-649.

[16]  李建中, 杨昆, 高宏, 等. 考虑样本不平衡的模型无关的基因选择方法[J]. 软件学报, 2006, 17(7): 1485-1493.

[17]  杨杨, 吕静. 高维数据的特征选择研究[J]. 南京师范大学学报, 2012, 12(1): 2601-2606.

[18]  廖一星, 潘雪增. 面向不平衡文本的特征选择方法[J]. 电子科技大学学报, 2012, 41(4): 592-596.

[19]  边肇祺, 张学工. 模式识别[M]. 2版. 北京: 清华大学出版社, 2000: 250-257.

[20]  Haykin S S. Neural Networks And Learning Machines[M].Upper Saddle River: Prentice Hall, 2009.

[21]  Rumelhart. On evaluating story grammars[J]. Cognitive Science, 1980, 4(3): 313-316.

[22]  Lecun Y, Boser B, Denker J, et al. Backpropagation applied to handwritten zip code recognition[J]. Neural Computation, 1989, 1(4): 541-551.

[23]  王明怡, 吴平, 王德林. 基于相关性分析的基因选择算法[J]. 浙江大学学报(工学版), 2004, 38(10): 1289-1292.

[24]  Rumelhart D E, Hinton G E, Williams R J. Learning representations by back-propagating errors[J]. Nature, 1986, 323(3): 533-536.

[25] Wang Z, Chen S C. New least squares support vector machines based on matrix patterns[J]. Neural Processing Letters, 2007, 26(1): 41-56.

[26] Suykens J A K, Vandewalle J. Least squares support vector machine classifiers[J]. Neural Processing Letters, 1999, 9(3): 293-300.

[27] Yan K, Shen W, Mulumba T, et al. ARX model based fault detection and diagnosis for chillers using support vector machines[J]. Energy and Buildings, 2014, 81: 287-295.

[28] Widodo A, Yang B S. Support vector machine in machine condition monitoring and fault diagnosis[J]. Mechanical Systems and Signal Processing, 2007, 21(6): 2560-2574.

[29] Huang G B, Zhu Q Y, Siew C K. Extreme learning machine: Theory and applications[J]. Neurocomputing, 2006, 70(1-3): 489-501.

[30] Lu H J, Wei S S, Zhou Z L, et al. Regularized extreme learning machine with misclassification cost and rejection cost for gene expression data classification[J]. International Journal of Data Mining and Bioinformatics, 2015, 12(3): 294-312.

[31] Lu H J, Zheng E H, Lu Y, et al. ELM-based gene expression classification with misclassification cost[J]. Neural Computing and Applications, 2014, 25(3-4): 525-531.

[32] Hornik K. Approximation capabilities of multilayer feed forward networks[J]. Neural Networks, 1991, 4(2): 251-257.

[33] Leshno M, Lin V Y, Pinkus A, et al. Multilayer feedforward networks with a nonpolynomial activation function can approximate any function[J]. Neural Networks, 1993, 6(6): 861-867.

[34] Huang G B, Babri H A. Upper bounds on the number of hidden neurons in feed forward networks with arbitrary bounded nonlinear activation functions[J]. IEEE Transactions on Neural Networks, 1998, 9(1): 224-229.

[35] 张春霞, 张讲社. 选择性集成学习算法综述[J]. 计算机学报, 2011, 34(8): 1399-1410.

[36] Valiant L C. A theory of the learnable[J]. Communications of the ACM, 1984, 27(11): 1134-1142.

[37] Freund Y, Schapire R E. A decision-theoretic generalization of on-line learning and an application to boosting[J]. Journal of Computer and System Sciences, 1997, 55(1): 119-139.

[38] Sheela B V, Dasarathy B V. OPAL: A new algorithm for optimal partitioning and learning in non parametric unsupervised environments[J]. International Journal of Parallel Programming, 1979, 8(3): 239-253.

[39] Hansen L K, Salamon P. Neural network ensembles[J]. IEEE Transactions on Pattern Analysis and Machine Intelligence, 1990, 12(10): 993-1001.

[40] Domingos P. Metacost: A general method for making classifiers cost-sensitive[C]// Proceedings of the Fifth ACM SIGKDD International Conference on Knowledge Discovery and Data Mining, 1999: 155-164.

[41] Zhou Z H, Liu X Y. The influence of class imbalance on cost-sensitive learning: An empirical study[C]//Proceedings of the ICDM' 06, 2006: 970-974.

[42] Turney P D. Types of cost in inductive concept learning[C]//Workshop on Cost-sensitive Learning at the Seventeeth International Conference on Machine Learning, 2002: 15-21.

[43] Liu X Y,Zhou Z H. Towards cost-sensitive learning for real-world applications[C]// Proceedings of the PAKDD 2011 International Workshops, Shenzhen, 2012: 494-505.

[44] Yang F,Wang H Z, Mi H, et al. Using random forest for reliable classification and cost-sensitive learning for medical diagnosis[J]. BMC Bioinformatics, 2009, 10 (1): 1-14.

[45] Kim Y J, Bok B, Cho S Z, et al. Detecting financial misstatements with fraud intention using multi-class cost-sensitive learning[J]. Expert Systems with Applications, 2016, 1: 32-43.

# 第3章 基于基因数据的特征选择算法

## 3.1 引 言

近年来，大规模基因芯片技术的应用为基因表达数据的肿瘤诊断提供了新的途径[1]。这种技术可以发现传统方法所不能发现的生物表型。由于基因表达数据的维度很高，而对分类诊断起重要作用的基因通常不超过几百个，直接对其进行生物学分析是不可行的，也是没有必要的。

基于基因表达数据的肿瘤分类是基因芯片的重要应用之一，这种方法能够做到传统方法无法实现的定量地、深入地、全面地分析数据。但是由于基因表达数据的维度很高，而对分类有重要作用的基因通常只是其中的小部分，直接对其分析难度很大并且没有必要。基因表达数据的爆炸性增长使人们迫切需要自动、有效的数据分析方法。为了更好地对基因表达数据进行分析，近年来，有许多算法在基因表达数据方面都得到了实现。通过特征选择，去除干扰基因，选取对分类有关键作用的基因，可以有效提高分类准确率，而且在很大程度上会降低分类的成本。

基于基因信息排序的过滤法和依赖具体分类器选取基因的缠绕法是两种主要的基因选择方法。基于排序的过滤法如 t-test[2]、信噪比[3-5]等具有简单快速的特点，但它们都是按照单个基因蕴含的分类信息量为标准的，没有考虑基因之间的相互联系，而分类信息量高的基因组合并不一定是最优的组合[6]。缠绕法与具体分类器(如 SVM、ELM 等)结合，将分类器预测正确率作为评价基因组合好坏的标准，这种方法可以找出最优的基因组合，同时最小化基因子集，但算法每次评价一个基因组合都要进行分类器训练，时间复杂度较高，而且选择出的基因子集在其他类型的分类器中的泛化能力不高。

信息增益是信息论中的一个重要概念，已经被广泛地应用在机器学习领域。对于一个基因表达数据的分类系统而言，计算信息增益是针对每一个基因，通过统计某一个基因在分类系统中提供的信息量，来确定该基因在分类系统中的重要程度。信息增益的方法能够很快地排除大量的非关键性的噪声和无关基因，缩小最优基因子集的搜索范围。

互信息通常用于描述两个随机变量间的统计相关性，用一个变量中包含另一个变量信息的多少表示两个随机变量之间的依赖程度，是信息论中的一个测度，一般用熵来表示。同一分类系统的基因在统计学上并非独立的而是相关的，这是用互信息进行筛选的基础。考虑在不同时间或不同条件下获取的每一个基因，确定基因之间的互信息，就是要定义相似性测度来寻找变换关系，使得这两个基因间的相似性达到最大，从而确定该基因在分类系统中的重要程度。当信息量达到最佳配准时，互信息为最大，即互信息最大化。近来，利用互信息最大化法进行多模医学图像配准成为了医学图像处理领域的热点。它是一种基于相关性的过滤特征选择方法，其特点是速度相对比较快，能够很快地排除很大数量的非关键性的噪声和无关基因。

遗传算法[7]能够基于遗传进化机制对数据进行随机搜索优化，它将多个约束条件组合在一起，考虑它们之间的相互关系，可在目标空间中搜寻到最优解或近似最优解。一些文献[6,8]已经将遗传算法用于特征选择[9,10]，但这些方法大都属于缠绕法，依赖于具体的分类器模型[11,12]。

## 3.2　基于信息增益的基因分组与筛选

基因筛选是进行基因选择和基因降维的有效方法，是一种计算效率较高的方法，它使用合适的准则来快速评价基因的好坏，选出具有代表性的精简基因子集，一般作为基因选择的一个前期选择过程。经典的基因筛选方法有信息增益和信噪比等方法[13]。本章主要介绍利用信息增益的方法进行基因筛选。

### 3.2.1　信息熵与信息增益

熵是信息论中一个非常重要的概念，表示任何一种能量在空间中分布的均匀程度，能量分布越均匀，越不确定，熵就越大[14]。Shannon 将熵应用于信息处理，提出了"信息熵"[15]的概念。信息熵是信息的量化度量，是衡量一个随机变量取值的不确定性程度。在信息增益中，重要性的衡量标准就是看特征能够为分类带来多少信息，带来的信息越多，该特征越重要。

令 $X$ 为随机变量的不同取值，$x_i(i=1,2,\cdots)$，对应着不同的概率 $P(x_i)(i=1,2,\cdots)$，那么 $X$ 的信息熵定义为

$$H(X) = -\sum_i P(x_i)\log_2(P(x_i)) \tag{3-1}$$

式(3-1)可以看出随机变量的变化越多，通过它取得的信息量就越大。

对于分类系统来说，类别 $C(c_1, c_2, \cdots, c_i)$ 是变量，因此分类系统的熵就可以定义为

$$H(C) = -\sum_{i=1}^{l} P(c_i) \log_2(P(c_i)) \tag{3-2}$$

式中，$l$ 是分类系统的类别数。特别地，对于二分类问题，信息熵可以表示为

$$H(C) = -P(c_1) \log_2(P(c_1)) - P(c_2) \log_2(P(c_2)) \tag{3-3}$$

在基因表达数据的分类系统中，信息增益是针对每一个基因而言的，对于一个基因 $X$，它可能的取值有 $n$ 种 $(x_1, x_2, \cdots, x_n)$，对应的条件熵为

$$H(C \mid X) = -\sum_{j=1}^{n} P(x_j) \sum_{i=1}^{l} P(c_i \mid x_j) \log_2(P(c_i \mid x_j)) \tag{3-4}$$

式中，$P(x_j)$ 代表类别变量 $C$ 的先验概率，$P(c_i \mid x_j)$ 代表基因 $X$ 固定后变量 $C$ 的条件概率。

因此，基因 $X$ 为分类系统带来的信息增益就可以表示为系统原来的信息熵与固定基因 $X$ 后的条件熵之差。

$$IG(X) = H(C) - H(C \mid X) \tag{3-5}$$

如果基因 $X$ 与类别 $C$ 不相关，则 $IG(X) = H(C) - H(C \mid X) = 0$；若相关，则 $H(C) > H(C \mid X)$，即 $IG(X) = H(C) - H(C \mid X) > 0$，而差值 $H(C) - H(C \mid X)$ 越大，$X$ 与 $C$ 的相关性越强[16]。因此用信息熵的差来定义信息增益，表示在消除不确定性后获得的信息量。显然，某个特征项的信息增益值越大，表示其贡献越大，对分类也越重要。因此，在进行基因选择时，通常先利用信息增益的方法选择信息增益值较大的若干个基因代表原始的高维度的基因，作为更深入的基因选择的依据。

### 3.2.2　信息增益流程

信息增益算法流程可描述如下。

输入：原始基因集合 $S$。

输出：经过信息增益算法筛选后的基因子集 FS。

(1)计算已知样本中每一类别 $c_i(i = 1, 2, \cdots)$ 的概率 $P(c_i)$。

(2)根据步骤(1)中得到的概率利用式(3-2)计算分类系统的信息熵。

(3)对于每个基因 $X$，计算其所有取值的概率 $P(x_j)(j = 1, 2, \cdots, n)$，计算条件概率 $P(c_i \mid x_j)$。

(4)根据步骤(3)中得到的概率，利用式(3-4)计算每个基因的条件熵。

(5)利用式(3-5)计算所有基因的信息增益。

(6)将步骤(5)中所得结果进行排序，选择前 $K$ 个信息增益最大的基因作为精简的基因子集 FS（$K$ 一般取值为 $200 \sim 400$）。

## 3.3　基于互信息最大化的基因分组与筛选

　　基因筛选是基因选择的一个前期过程，在基因选择和基因降维时先进行基因筛选能够提高计算效率。这是能够选出具有代表性的精简基因子集的有效方法之一[13]。

　　在互信息最大化中，信息熵主要用来衡量一个随机变量取值的重要程度，衡量标准是看特征能够为分类带来多少信息，带来的信息越多，该特征越重要。

　　在基因筛选中，互信息通常用于计算特征与特征之间的关系。根据 3.2 节的公式，结合基因表达数据，假设考虑特征 $t$ 与类别 $c$ 的分布，$N$ 为基因总数，$A$ 为类 $c$ 中出现特征 $t$ 的基因数，$B$ 为非类 $c$ 中出现特征 $t$ 的基因数，$C$ 为类 $c$ 中不出现特征 $t$ 的基因数，特征 $t$ 与类 $c$ 之间的互信息定义为

$$I(t,c) = \log_2 \frac{P(t\,|\,c)}{P(t)} = \log_2 \frac{P(t,c)}{P(t) \times P(c)}$$

$$\approx \log_2 \frac{A \times N}{(A+C) \times (A+B)} \tag{3-6}$$

　　如果 $I(t,c) = 0$，那么可以得出结论特征 $t$ 与类别 $c$ 相互独立。

　　在式 (3-6) 中提供关于类别信息的加权平均值来衡量一个特征在全局特征选择中的重要性：

$$I_{\text{avg}}(t) = \sum_{i=1}^{k} P(c_i) I(t,c) \tag{3-7}$$

　　特征选择后，尽可能多地保留关于类别的信息即达到互信息最大化：

$$\text{MaxMI}(t) = \sum_{i=1}^{k} P(c_i\,|\,t) \log_2 \frac{P(c_i\,|\,t)}{P(c_i)} \tag{3-8}$$

则最大互信息量为

$$I^* = \text{MaxMI}(t) \tag{3-9}$$

　　用互信息最大化来进行特征选择，可以为后面的分类提供尽可能多的类别信息。两个随机变量之间共有的信息量越大，说明两个变量之间的相关程度越高。如果两个变量完全不相关，则互信息量为 0。互信息最大化是选择相关程度最高的两个变量，进行循环迭代，得出每次信息量中相关程度最高的变量。

# 3.4　基于遗传算法的基因选择

## 3.4.1　遗传算法简介

遗传算法[17,18]来自自然界遗传和选择的思想，是模拟达尔文的遗传选择和自然淘汰的生物进化过程的计算模型。它的思想源于生物遗传学和适者生存的自然规律，是具有"生存+检测"的迭代过程的搜索算法，在解决非线性优化问题上得到了较广泛的应用。遗传算法起源于 20 世纪 60 年代，但当时的研究仅限于自然遗传系统[19]。Holland 于 1965 年首次提出人工遗传操作的重要性，并将其应用于自然系统和人工系统中。1967 年 Bagley 首次提出遗传算法这一术语，提出了遗传算法自我调整优化的概念。1971 年 Hollstien 第一个把遗传算法应用于函数优化。1975 年 Holland 在《自然系统和人工系统的适配》中系统地阐述了遗传算法的基本理论和算法，并提出了遗传算法的基本定理：模式理论。20 世纪 80 年代以后，遗传算法飞速发展，广泛应用于自动控制、图像处理、机器学习等领域。

在遗传算法中目标解被编码成一串符号，称为"染色体"，一定数量的"染色体"组成种群。染色体的编码形式用一个字符串表示，通常可以为二进制或十进制，每个染色体有一个适应度[20]，通常与染色体代表的解的好坏相关。在每一代中用适应度来测量染色体的好坏，生成的下一代染色体称为后代。后代是由前一代染色体通过交叉或者变异运算形成的。

在新一代种群形成过程中，根据适应度的大小选择部分后代，淘汰部分后代，从而保持种群大小为常数。适应度高的染色体被选中的概率较高，这样经过若干代之后，最后选择出一个适应度最高的染色体进行解码，输出最优解。

选择、交叉、变异是遗传算法的三个基本遗传算子，每个遗传算子有很多种实现方法。

## 3.4.2　遗传算法流程

算法流程如下。

(1)初始化：设置种群大小、染色体编码、迭代次数等。

(2)适应度函数定义：包括每个染色体的适应度、种群平均适应度和最大适应度评估函数。

(3)评价种群：计算每个染色体的适应度、种群平均适应度、最大适应度。

(4)选择：利用特定选择策略选择出若干染色体进入下一代。

(5) 交叉、变异：对新一代种群实施交叉、变异操作。

(6) 判断终止条件，满足则终止，否则转步骤(2)。

(7) 对最优染色体编码串解码，输出目标解。

目前，基于遗传算法的特征选择主要是缠绕法，这种方法利用一个特定类型的分类器[21](如 SVM、ELM 等)评价基因子集，将分类精度作为适应度函数或者适应度函数的一部分。这种方法通常需要大量的运算，时间复杂度较高，而且得到的关键基因没有普遍性和鲁棒性，即在一种类型的分类器中得到的关键基因用到另外一种分类器中时，分类性能一般都非常低。本节在信息增益的基础上提出了一种基于遗传算法的与模型无关的基因选择算法——IGGA-Selection (Information Gain Genetic Algorithm-Selection)，它不依赖特定类型的分类器，选择出的特征子集在不同类型的分类器中均能获得较高的分类精度，具有普遍的适用性[22]。

### 3.4.3　编码方式

基因表达数据是一个二维矩阵，其中每一列代表一个样本，每一行表示一个基因在每一个样本中的表达水平。在基因表达数据分类中，特征选择的目标就是选择出一个基因子集，使得在选择出的基因子集上进行分类，可以达到分类精度最大化。在遗传算法中，目标就是标记被选择的基因的索引，因此二进制编码是一个合适的编码方案。可以用"1"和"0"标记一个基因是否被选择，因此种群中的个体编码形式类似于"00101…101101"。在解码时，将编码"1"对应的基因选择出来组成新的数据集。

### 3.4.4　适应度函数

设基因表达数据的类别数为 $k$；$X_{ij}$ 是类别 $j(j \in \{1,2,\cdots,k\})$ 的第 $i$ 个样本；$n_j$ 是类别 $j$ 的样本数，$\bar{X}_j$ 是类别 $j$ 的样本中心；$n$ 为样本的总个数，且满足 $n = \sum_{j=1}^{k} n_j$。则类别 $j$ 的样本中心为

$$\bar{X}_j = \frac{1}{n_j} \sum_{i=1}^{n_j} X_{ij}, \quad j = 1,2,\cdots,k \tag{3-10}$$

样本的类内平均距离：

$$d_0 = \sqrt{\frac{1}{n} \sum_{j=1}^{k} \sum_{i=1}^{n_j} (X_{ij} - \bar{X}_j)^2} \tag{3-11}$$

样本的类间平均距离：

$$d_1 = \sqrt{\frac{1}{C(k,2)} \sum_{1 \leqslant i < j \leqslant k} (\bar{X}_i - \bar{X}_j)^2} \tag{3-12}$$

式中，$C(k,2)$ 表示在 $k$ 个不同元素中任意选择 2 个元素的组合数。

特别地，对于二分类问题有

$$d_1 = |\bar{X}_1 - \bar{X}_2| \tag{3-13}$$

为了更容易地对样本分类，平均类内距离应尽可能小，同时类间距离尽可能大。因此，适应度函数可定义为

$$F = e^{d_1/(d_0 + \Delta)} \tag{3-14}$$

式中，e 为自然常数，约为 2.71828。$\Delta$ 是一个足够小的正实数，从而避免了当 $d_0 = 0$ 时，整个函数无意义的情况。为了保证适应函数只与类内距离和类间距离有关，在实验中设置 $\Delta$ 为 $10^{-10}$。

### 3.4.5　遗传算子

选择操作直接影响遗传算法的性能，轮盘赌[23]和锦标赛[24]是两种常用的选择方法。轮盘赌根据染色体的适应度为其设置一个被选择概率，按照随机选择的方法选择染色体进入下一代。但是在这种方法中，适应度高的染色体被选择的概率较大，容易形成超级染色体，使算法过早收敛，陷入局部最优解，找不到全局最优解。锦标赛是随机选择若干个个体，从中选择适应度最高的一个进入下一代，重复若干次选择，直到达到种群中染色体的个数，这种方法可以有效保持种群的多样性。在本节采用锦标赛方法的一个特殊形式，即每次选择两个个体，适应度高的进入下一代。

交叉是遗传算法中最主要的遗传操作。通过交叉可以得到新一代个体，新个体组合了其父辈个体的特性。常用的交叉方法包括单点交叉、多点交叉、均匀交叉等。单点交叉破坏已有模式的概率较小，但其搜索空间也较小，不易于搜寻到最优解。多点交叉与单点交叉相似，不同的是设置了多个连续交叉点。均匀交叉随机选择若干个交叉点以一定概率进行基因互换[25]。

变异首先在群体中随机选择一个个体，对于选中的个体以一定的概率随机地改变串结构数据中某个串的值。同生物界一样，遗传算法中变异发生的概率很低，通常取值在 0.001～0.01。在变异操作中，本章选择了与均匀交叉类似的均匀变异方法，即随机选择若干位将"0"和"1"互变。均匀交叉、变异可以扩大算法搜索空间，保持种群的多样性。

### 3.4.6　交叉率与变异率

交叉率与变异率对算法的性能有着重大的影响，过大的交叉率与变异率会使算法趋于随机搜索，效率降低；过小的交叉率与变异率又会导致"早熟"和局部最优。因此，本节将交叉率与变异率进行动态调整，公式定义如下：

$$p_c = \begin{cases} \sin\left(\dfrac{\pi}{2} \times \dfrac{f_{\max} - f'}{f_{\max} - f_{\mathrm{avg}}}\right), & f' > f_{\mathrm{avg}} \\ p_0, & f' \leqslant f_{\mathrm{avg}} \end{cases} \tag{3-15}$$

$$p_m = \begin{cases} \sin\left(\dfrac{\pi}{2} \times \dfrac{f_{\max} - f}{f_{\max} - f_{\mathrm{avg}}}\right), & f > f_{\mathrm{avg}} \\ p_1, & f \leqslant f_{\mathrm{avg}} \end{cases} \tag{3-16}$$

式中，$p_c$ 是交叉率，$p_m$ 是变异率，$f'$ 是两个交叉染色体适应度的最大值，$f$ 是变异染色体的适应度，$f_{\max}$ 是种群中所有染色体的最大适应度，$f_{\mathrm{avg}}$ 是种群中所有染色体的平均适应度，$p_0$ 和 $p_1$ 是 0 和 1 之间的常数，可设置为 $p_0 = 0.1$，$p_1 = 0.01$。

在式 (3-15) 中，如果 $f' > f_{\mathrm{avg}}$，则说明交叉染色体是较优染色体，应该设置较小的交叉率以保留较好的染色体。如果 $f' > f_{\mathrm{avg}}$，则说明交叉染色体不是优良染色体，应该设置较大的交叉率以扩大模式搜索空间。对变异率，式 (3-16) 有类似的结论。

## 3.5　基于聚类算法与 PSO 算法的基因选择

### 3.5.1　聚类算法

在基因组学中，聚类算法是研究基因间相互关系的最基本手段。聚类算法能够将那些具有相似功能特点的基因聚在一起，根据聚类的结果，可以预测未知基因的功能，寻找基因之间的调控关系以及发现共同的模式。其中比较流行的启发式方法是 K 均值聚类算法。在对基因进行聚类时聚类数目的选择有两种方法：一种是随机选取，但是这种选取方法没有任何的针对性，需要迭代的次数较多，计算量也比较大；另外一种是根据某种准则选取，对基因表达谱数据的基因进行聚类时，需要结合数据本身的特点，包括数据的类别信息和冗余度信息等，如针对包含两种类别的样本进行聚类的时候，可以确定聚类数目为 3，其中 2 个簇与样本类别相关、另 1 个簇定义为对样本分类无关的冗余基因。

### 3.5.2　算法描述

将基因表达数据分成训练集和测试集，通过信息增益的方法选择前 $n$ 个信息熵最大的基因。接下来便是利用聚类算法对初选的基因子集进行聚类，聚类方法采用 K 均值聚类算法，聚类数目按照上述方法给出，如对于两类样本，聚类数目选择为 3，$k$ 类样本则对应的聚类数目为 $k+1$。借助分类器对各簇的基因分类性能进行分析，将具有高分类性能的簇选择出来，排除对分类影响较小的簇，这些被选择的簇所包含的基因构成一个冗余度较低的特征基因子集。最后将被选中的簇的中心作为初始位置，每一簇作为一个搜索空间，利用 PSO 算法进行 Wrapper 式的特征选择，本节用 ELM 来评价基因优劣。根据 ELM 分类器返回的验证集上的准确率评价每个粒子的适应度值，通过不断更新 PSO 算法中群体粒子的位置和速度来搜索全局最优解。

对选取的基因的评价，利用 ELM 分类器计算 PSO 算法和聚类算法选择出来的特征基因的适应度，评价函数为

$$\text{Fitness}(i) = \alpha \times \text{Accruacy} + (1-\alpha) \times (1/\text{geneNum}) \tag{3-17}$$

式中，Accruacy 表示分类精度，$\alpha$ 表示适应度参数，geneNum 表示基因个数。

在特征选择过程中，应该选择样本测试精度高、基因个数少的粒子，即要选择适应度值最大的那个粒子，所选择的基因是依赖于 ELM 分类器的。在 PSO 算法中，一个粒子代表选择的一组基因子集，粒子在搜索过程中通过基因子集在分类器中的评价，即 PSO 算法的适应度函数，更新个体最好位置和全局最好位置，直到达到最大迭代次数，得到一组最优基因子集。最后利用分类器得到测试准确率，较好的即为提取到的关键基因。其中，在基因子集的评价过程中，样本测试精度通过 ELM 分类器来完成。选择出特征基因之后采用 ELM 建立分类模型，然后根据建立的模型测试分类正确率[26]。

算法步骤描述如下。

(1)利用信息增益方法，对原始基因进行过滤，形成精简的基因子集 FS。

(2)利用 K 均值聚类算法对 FS 进行聚类，将 FS 聚类为规定的簇数。

(3)使用 ELM 判断每一簇中基因的分类性能，并选择具有较高分类性能的簇中的基因作为特征基因子集 FSC。

(4)将 FSC 的聚类中心作为 PSO 算法的初始化位置，每一个簇作为单独的搜索空间进行 PSO 算法的搜索。

(5)对选取的基因的评价，如果满足要求的指标，则基因的选择过程结束，接下来进行步骤(6)；如果不满足要求，则进行最优值、粒子位置和速度的更新，重新进行特征选择。

(6)选择出特征基因之后采用 ELM 分类器建立分类模型，然后根据建立的模型测试分类正确率。

# 3.6　基于信息增益和遗传算法的基因选择

## 3.6.1　算法分析

基于信息增益和遗传算法的基因选择算法，先通过信息增益的方法对基因进行初步的筛选，选择出 $K$ 个基因，然后采用遗传进化思想，以最大类间距离与最小类内距离之比作为特征组合的评价标准，实现特征选择。在遗传算法进行搜索阶段，算法将每一个染色体编码为形如"01001…10010"长度为 $K$ 的串，其中"1"表示选择对应的特征，"0"表示不选择对应的特征。最后根据遗传进化结果，解码出选择的特征位，得到特征子集。该特征子集是 IGGA-Selection 算法得到的一个全局优化的结果，具有较高的分类精度，因此该特征子集对分类性能起着关键作用。

## 3.6.2　算法描述

根据以上的分析，IGGA-Selection 算法可描述如下。流程图如图 3-1 所示。

输入：原始基因集 $S$。

输出：基因选择后的特征基因 TS。

(1)利用信息增益方法，对原始基因进行过滤，形成精简的基因子集 FS。

(2)设置迭代次数 $T$，初始化种群染色体编码 $p_0$ 与 $p_1$。

(3)计算染色体适应度，种群最大适应度 $f_{max}$ 和平均适应度 $f_{avg}$。

(4)根据随机竞争法选择一组初始染色体构成初始种群，并将适应度最大的染色体直接复制到下一代。

(5)将种群中染色体随机两两配对，根据式(3-15)计算交叉率进行均匀交叉。

(6)根据式(3-16)计算染色体变异率进行变异操作。

(7)重复步骤(3)～步骤(6)，直到达到最大迭代次数或连续若干代 $f_{max}$ 不变。

(8)对适应度最大的染色体解码，选择编码"1"对应的基因组成训练集。

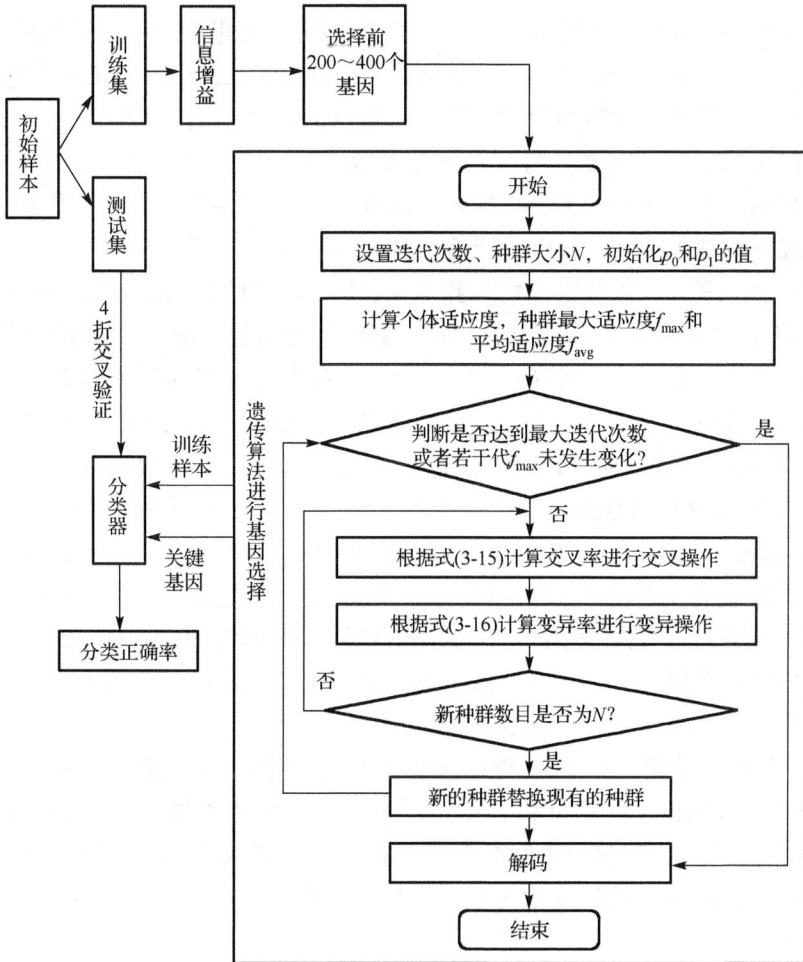

图 3-1　IGGA-Selection 算法的流程图

### 3.6.3　实验与结果分析

为评估 IGGA-Selection 算法的性能，基于已有的基因表达数据集进行实验仿真，并与 t-test[27] 和 f-test[28] 特征选择算法进行对比。在分类之前，对特征子集进行最大最小归一化：

$$V_i' = \frac{V_i - \text{Min}}{\text{Max} - \text{Min}} \tag{3-18}$$

式中，$V_i$ 是基因 $i$ 在一个样本中的表达量，Max 和 Min 分别是基因 $i$ 在每个样本中的最大表达量和最小表达量。规范化后的数据集基因表达量分布于[0,1]区间。

实验中分类利用 ELM、SVM 和 BPNN（Back Propagation Neural Network）作为

分类器以分类精度高低评价特征子集。为了减少 ELM 的不稳定性，使用经典集成的多数投票超限学习机(Voting Based Extreme Learning Machine，V-ELM)[29]分类算法以减小由于分类器的不稳定性引起的较大的误差。SVM 采用 LIBSVM 工具箱，核函数采用径向基核函数，参数 $r$ 和 $c$ 利用交叉检验自动搜索最优值。对于多类问题，LIBSVM 采用一对一(One-Against-One，OAO)方法构造多类分类器。在 BPNN 中，网络初始连接权值为 0~0.3 的随机小数，隐层神经元个数根据多次实验设定。

对二分类问题，本节对白血病数据集 Leukemia 和结肠癌数据集 Colon 进行特征选择，将 IGGA-Selection 算法与 t-test 算法进行对比。在遗传算法中种群染色体被编码为形如"01010…00101"的串，"1"对应被选择的基因索引，"0"对应没有被选择的基因索引。在 Leukemia 数据集中，IGGA-Selection 算法首先利用信息增益的方法从 7129 个基因选择出前 400 个信息增益最大的基因构成关键基因，从这个关键基因中自动选择了 188 个基因，然后对 188 个基因组成的基因子集重新执行遗传算法的搜索，这个过程持续进行直到被选择的基因个数不再减少。整个过程中，依次有 188、97、48、10、2 个基因被选择出来。对 Colon 数据集首先选择出 400 个基因子集，然后继续执行遗传算法的搜索，依次有 212、107、45、21、9 个基因被选择出来。IGGA-Selection 算法在 Leukemia 和 Colon 数据集上的适应度值变化分别如图 3-2、图 3-3 所示。

由于 t-test 算法可以自由设置被选择的基因个数，为了便于比较，本章利用 t-test 算法在 Leukemia 数据集和 Colon 数据集分别选择了与 IGGA-Selection 算法相同个数的基因；然后利用 ELM、SVM 和 BPNN 在两个数据集上进行了 10 次 4 折交叉验证，最终分类精度取 10 次分类精度结果的平均值，实验结果如表 3-1 与表 3-2 所示。

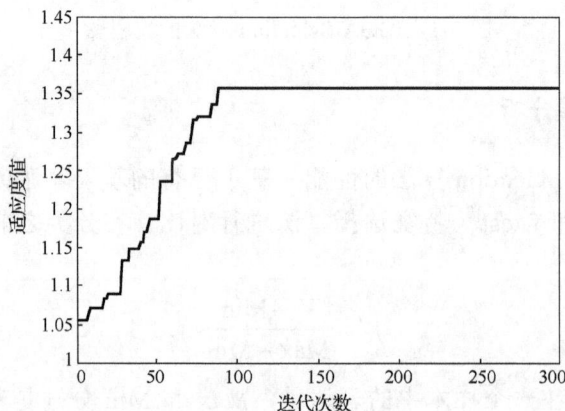

图 3-2　Leukemia 数据集上 IGGA-Selection 算法的适应度变化曲线

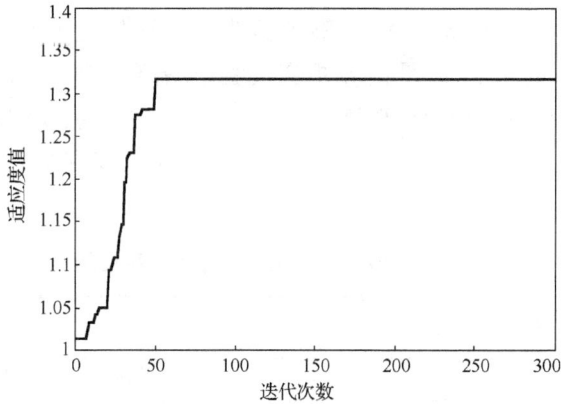

图 3-3　Colon 数据集上 IGGA-Selection 算法的适应度变化曲线

对 Leukemia 数据集（表 3-1），采用 IGGA-Selection 算法进行基因选择时，比较其 4 折交叉验证精度，当选择基因的个数为 48 时，利用 ELM 达到了 99.79% 的 4 折交叉验证精度，SVM 最高达到了 98.61%，BPNN 最高也达到了 98.61%。IGGA-Selection 算法选择基因的时候，基因个数从 188 维降低到 2 维的时候，4 折交叉验证精度分别为 96.94%、97.22% 和 95.83%。t-test 基因选择的算法也可以达到较高的 4 折交叉验证精度，最高为 98.64%，但需要 188 个基因，而 IGGA-Selection/ELM 在只有 48 个基因的时候已经达到了高于 98.64% 的 4 折交叉验证精度——99.79%。

表 3-1　Leukemia 数据集上 4 折交叉验证精度

| 算法 ＼ 基因数 | 2 | 10 | 48 | 97 | 188 |
|---|---|---|---|---|---|
| IGGA-Selection/ELM | 0.9694 | 0.9761 | 0.9979 | 0.9972 | 0.9964 |
| t-test/ELM | 0.9317 | 0.9672 | 0.9723 | 0.9864 | 0.9828 |
| IGGA-Selection/SVM | 0.9722 | 0.9813 | 0.9861 | 0.9861 | 0.9861 |
| t-test/ SVM | 0.9306 | 0.9622 | 0.9722 | 0.9861 | 0.9861 |
| IGGA-Selection/BPNN | 0.9583 | 0.9672 | 0.9722 | 0.9861 | 0.9861 |
| t-test/ BPNN | 0.8750 | 0.9672 | 0.9722 | 0.9861 | 0.9861 |

对于 Colon 数据集（表 3-2），采用 IGGA-Selectiont 算法，ELM、SVM、BPNN 分别在基因个数为 21、21、9 时获得了最高的 4 折交叉验证精度 92.76%、91.94% 和 91.94%。采用 t-test 算法分别在 45、212 和 107 的情况下获得最高的 4 折交叉验证精度 89.45%、90.32% 和 88.71%。可以看出 t-test 算法的最高 4 折交叉验证精度没有 IGGA-Selection 算法高，且使用的基因个数比 IGGA-Selection 多。在相同的分类器情况下比较，IGGA-Selection/ELM 最高 4 折交叉验证精度为 92.76%，对应的基因个数为 21；t-test/ELM 最高 4 折交叉验证精度为 89.45%，对应的基因

个数为 45；IGGA-Selection/SVM 最高 4 折交叉验证精度为 91.94%，对应的基因个数为 21 和 45；t-test/SVM 最高 4 折交叉验证精度为 90.32%，对应的基因个数为 212；利用 IGGA-Selection/BPNN 方法，在 9 个基因组成的基因子集中获得了 91.94% 的 4 折交叉验证精度，t-test/BPNN 的最高 4 折交叉验证精度仅为 88.71%，而且需要 107 个基因。

表 3-2　Colon 数据集上 4 折交叉验证精度

| 基因数<br>算法 | 9 | 21 | 45 | 107 | 212 |
|---|---|---|---|---|---|
| IGGA-Selection/ELM | 0.9101 | 0.9276 | 0.9134 | 0.9011 | 0.8912 |
| t-test/ELM | 0.8781 | 0.8889 | 0.8945 | 0.8878 | 0.8822 |
| IGGA-Selection/SVM | 0.9032 | 0.9194 | 0.9194 | 0.9032 | 0.8871 |
| t-test/ SVM | 0.8710 | 0.8871 | 0.8871 | 0.8871 | 0.9032 |
| IGGA-Selection/BPNN | 0.9194 | 0.9032 | 0.8871 | 0.8871 | 0.8743 |
| t-test/ BPNN | 0.8710 | 0.8710 | 0.8710 | 0.8871 | 0.8387 |

从以上实验结果可以看出，IGGA-Selection 算法在多数情况下可以获得高于 t-testt 算法的分类精度，而且选择出的基因个数越少，优势越明显，这表明 IGGA-Selection 算法可以有效降低基因冗余，同时提高分类精度。

为进一步验证 IGGA-Selection 算法的有效性，本章在多分类数据集上进行了实验仿真，并与 f-test 算法进行对比。与二分类基因选择问题类似，先利用信息增益的方法选择前 400 个信息增益最大的基因作为关键基因，在该降维数据集上依次选择出了 261、127、51、35、17 个基因组成基因子集，IGGA-Selection 算法在小圆蓝细胞瘤数据集 SRBCT 上的适应度变化曲线如图 3-4 所示。

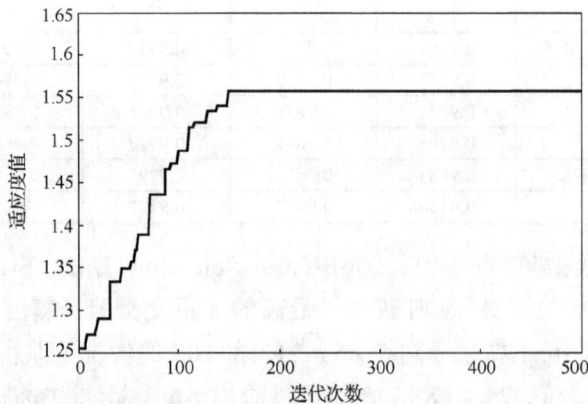

图 3-4　SRBCT 数据集上 IGGA-Selection 算法的适应度变化曲线

为便于比较，首先利用 f-test 选择出相同基因个数的基因子集；然后利用 ELM、SVM 和 BPNN 在这些数据集上进行了 4 折交叉验证，结果见表 3-3。

**表 3-3　SRBCT 数据集上 4 折交叉验证精度**

| 算法 ＼ 基因数 | 17 | 35 | 51 | 127 | 261 |
|---|---|---|---|---|---|
| IGGA-Selection/ELM | 1.0000 | 1.0000 | 1.0000 | 0.9839 | 0.9835 |
| f-test/ELM | 1.0000 | 1.0000 | 1.0000 | 0.9724 | 0.9524 |
| IGGA-Selection/SVM | 1.0000 | 1.0000 | 1.0000 | 0.9841 | 0.9739 |
| f-test/ SVM | 1.0000 | 1.0000 | 0.9882 | 0.9791 | 0.9761 |
| IGGA-Selection/BPNN | 1.0000 | 1.0000 | 1.0000 | 1.0000 | 0.9854 |
| f-test/ BPNN | 1.0000 | 1.0000 | 1.0000 | 1.0000 | 0.9832 |

在表 3-3 中，利用 35 个特征基因，IGGA-Selection 算法和 f-test 算法都获得了 100%的 4 折交叉验证正确率。随着特征基因个数的增多，分类精度逐渐下降，这表明数据集中存在基因冗余，对分类会产生干扰。而通过实验发现 IGGA-Selection 算法在采用 51 个基因组成的数据集上依然获得了 100%的交叉验证精度，但是 f-test 算法的交叉验证精度为 98.82%，这说明 IGGA-Selection 算法相对 f-test 算法可以有效地优化基因组合，即使存在部分冗余，也能保持较好的分类精度。从表 3-3 中可以看出，与 f-test 算法相比，IGGA-Selection 算法可以获得相当或更高的分类精度。

本节使用统计的方法，通过分类器的分类精度，来验证两种基因选择算法 IGGA-Selection 和 t-test/f-test 的显著差异性，并分别在两种基因选择方法的条件下，检验三种分类器分类结果的显著差异性。

Demsar[30]提出了无参统计检验的方法来比较各种方法之间的显著性。本节采用 Friedman 检验(F 检验)[31]的方法来验证两种基因选择的显著性以及各种分类器之间的显著性，如表 3-4 所示。F 检验首先要计算检验量的样本方差：

$$S^2 = \sum (X - \overline{X})^2 / (n-1) \tag{3-19}$$

式中，$X$ 为检验量的样本，$\overline{X}$ 为样本的平均值，$n$ 为样本数。其次计算 F 值：

$$F = \frac{n_1 S_1^2 / (n_1 - 1)}{n_2 S_2^2 / (n_2 - 1)} \tag{3-20}$$

式中，$S_1^2$、$S_2^2$、$n_1$、$n_2$ 分别代表 F 检验中，两个检验样本的样本方差和样本数。再次，根据置信度给定的 $\alpha$（设为 0.1），自由度 $n_1 - 1$ 和 $n_2 - 1$ 查 F 分布表，得 $F_{\alpha/2}(n_1 - 1, n_2 - 1)$。最后比较计算得到的 $F$ 值和查表得到的 $F_{\alpha/2}(n_1 - 1, n_2 - 1)$。如果 $F < F_{\alpha/2}(n_1 - 1, n_2 - 1)$，则表明两组数据没有明显的差异，即两种基因选择方法没有显著的差异；如果 $F \geqslant F_{\alpha/2}(n_1 - 1, n_2 - 1)$，则表明两组数据有明显的差异，即两种基因选择方法有显著的差异性。

表 3-4　两种基因选择算法的统计检验

| 数据集 | 选择算法 | 方差 | F 值 |
|---|---|---|---|
| Leukemia | t-test/f-test | 0.000937 | 6.7825 |
| | IGGA-Selection | 0.000138 | |
| Colon | t-test/f-test | 0.000661 | 2.8017 |
| | IGGA-Selection | 0.000235 | |
| SRBCT | t-test/f-test | 0.002390 | 2.8712 |
| | IGGA-Selection | 0.000080 | |

每个数据集中都有三种分类器在 5 种不同的基因个数下的分类精度结果，因此两种基因选择都包含 15 个样本，F 检验中两个自由度均为 14，通过查表得 $F_{0.5}(14,14)=2.46$。与计算出来的 F 值比较，$F \geq F_{\alpha/2}(n_1-1,n_2-1)$，因此两种基因选择方法有显著的差异性。而且从实验结果来看，大部分情况下，IGGA-Selection 是优于 t-test/f-test 的。综合可得，IGGA-Selection 算法明显优于 t-test/f-test 算法。

下面通过统计的方法检验分类器在本章所用两种基因选择过程中的差异性，如表 3-5 所示。

表 3-5　分类器的显著性检验

| t-test/f-test | SVM | BPNN |
|---|---|---|
| ELM | 1.0384 | 0.7775 |
| SVM | 1 | 0.7487 |
| IGGA-Selection | SVM | BPNN |
| ELM | 0.9988 | 0.5904 |
| SVM | 1 | 0.5912 |

由 $F_{0.5}(14,14)=2.46$ 得在两种基因选择方法的条件下，对于三种分类器都满足 $F < F_{\alpha/2}(n_1-1,n_2-1)$。因为 t-test/f-test 算法是一种过滤方法，是和分类器无关的。且 IGGA-Selection 算法三个分类器没有显著的差异性，所以可以说 IGGA-Selection 算法选择的关键基因是和模型无关的。该实验结论进一步验证了，IGGA-Selection 算法进行基因选择是不依赖于分类器的，因此该方法选择的关键基因具有普遍适用性。

由于 IGGA-Selection 算法是模型无关的，因此在基因选择阶段，时间复杂度是一致的，只需要比较分类器在模型构建过程中的时间复杂度即可，通过实验可以得出图 3-5。

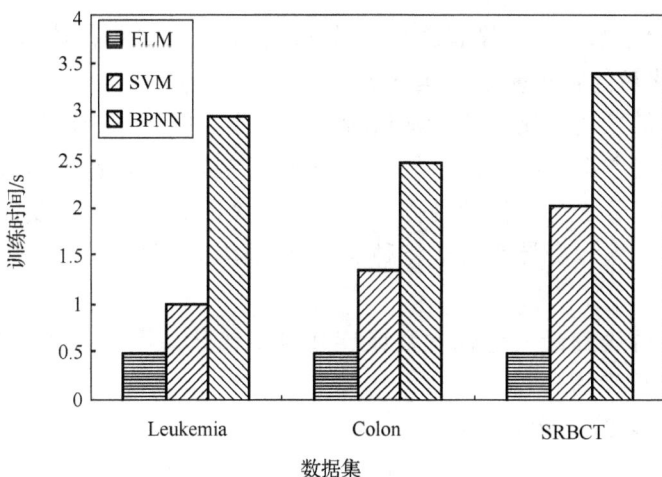

图 3-5　三种分类器的时间复杂度

从图 3-5 可以看出 ELM 的时间复杂度明显低于 SVM 和 BPNN。因此在分类精度相差不大的情况下，ELM 在分类过程中，比 SVM 和 BPNN 更加高效。

## 3.7　基于互信息最大化和遗传算法的基因选择

### 3.7.1　算法分析

基于互信息最大化和遗传算法的基因选择(Maximizing Mutual Information Genetic Algorithm-Selection，MMIGA-Selection)算法，目的是得到分类精度更高的特征子集，同时提高遗传算法的计算效率，让遗传算法具有模型无关性，不依赖任何分类器。

算法首先结合互信息最大化方法对基因进行初步筛选，去除大量噪声，为遗传算法提供一个比较理想的种群初始化环境。然后对得到的结果进行排序，选择出类相关性最大的特征。遗传算法运行时，初始种群除了互信息最大化得出的部分个体外，还包括由遗传算子和种群适应度函数随机产生的个体。在遗传算法迭代时，解码出选择的特征位，得出适应度最高的个体所对应的特征子集，该特征子集即为特征选择的结果，是本节 MMIGA-Selection 算法得到的一个全局优化的结果，分类精度较高。

### 3.7.2　算法描述

MMIGA-Selection 算法流程(图 3-6)如后所示。

输入：初始样本集 $D$，设置迭代次数 $T$，初始化种群染色体编码 $p_0$ 与 $p_1$。

输出：优化后的特征基因子集 TD。

(1)利用互信息最大化方法，筛选输入基因集，得到选择后的基因子集 FD。

(2)根据编码方案，将种群中的个体编码成二进制串，计算 $f$，$f_{max}$ 和 $f_{avg}$。

(3)由随机竞争法得出初始种群，适应度最大的染色体直接复制到下一代。

(4)根据交叉率和变异率公式将种群中染色体随机两两配对，进行均匀交叉及变异。

(5)判断是否达到最大迭代次数或连续若干代 $f_{max}$ 不变；如果是，则跳到步骤(7)，否则执行步骤(6)。

(6)重复步骤(3)～步骤(5)。

(7)输出最优特征子集。

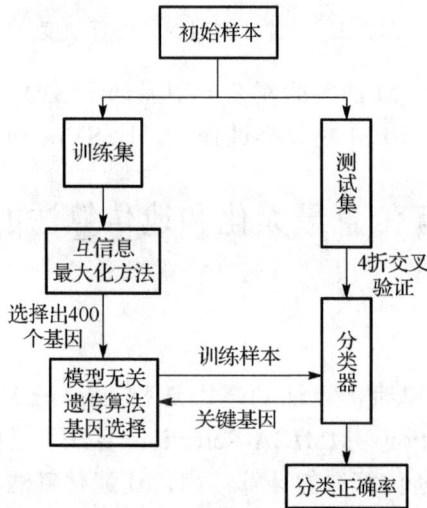

图 3-6　MMIGA-Selection 的流程图

### 3.7.3　实验与结果分析

为评估 MMIGA-Selection[32]算法的性能，本章对其进行了实验分析与仿真，分析的对象是常用的 Leukemia，Colon 与 SRBCT 这三个数据集。其中 Leukemia 数据集是 Golub 等研究的两种急性白血病的基因表达谱，其中有 72 个急性白血病样本，每个样本含有 7130 个基因的表达数据；Colon 是 Alonp's 等测定的有 62 个样本和 2000 个基因表达数据的数据集；SRBCT 数据集是 Khan 等对儿童小圆蓝细胞瘤进行研究，获得 83 例样本中 2308 条基因的表达水平，包括四种类型。前两个数据集属于二分类问题，SRBCT 数据集属于多分类问题。实验利用标准的 BPNN、ELM、SVM 以及 Bayes 作为分类器以分类精度高低评价特征子集。

在分类之前，先将基因表达矩阵中的元素进行转换，进行标准化。

$$x'_{ij} = \frac{x_{ij} - \overline{x}_i}{\sqrt{\dfrac{1}{N-1}\sqrt{\displaystyle\sum_{j=1}^{N}(x_{ij} - \overline{x}_i)^2}}} \tag{3-21}$$

实验对二分类及多分类数据集进行特征选择，首先用互信息最大化方法选出了 400 个基因作为模型无关遗传算法的初始化环境。在 Leukemia 数据集上依次选择出了 207、107、50、12 个基因；在 Colon 数据集上选择出了 199、123、74、20 个基因；在 SRBCT 数据集上选择出了 250、108、62、18 个基因作为基因子集。

表 3-6 给出了 MMIGA-Selection 与 t-test/ f-test 方法的统计检验。其中样本方差参考式(3-19)，可得 $F$ 值如式(3-20)所示。通过查表得 $F_{0.5}(14,14)=2.46$ ，则 $F \geq F_{\alpha/2}(n_1-1, n_2-1)$ ，因此两种方法之间存在显著的差异。

表 3-6　两种基因选择算法的统计检验

| 数据集 | 选择算法 | 方差 | $F$ 值 |
|---|---|---|---|
| Leukemia | t-test | 0.000937 | 6.7825 |
| | MMIGA-Selection | 0.000138 | |
| Colon | t-test | 0.000661 | 2.8017 |
| | MMIGA-Selection | 0.000235 | |
| SRBCT | f-test | 0.002390 | 2.8712 |
| | MMIGA-Selection | 0.000080 | |

另外，t-test/f-test 属于 Filter 法，对四种分类器而言都满足 $F < F_{\alpha/2}(n_1-1, n_2-1)$ ，所以该算法的效果是显著的，且由表 3-7 可以得到，MMIGA-Selection 三个分类器的方差都大约在 0.01 以下，则可以得出该算法选择的关键基因是和模型无关的，泛化程度高。

表 3-7　不同分类器的方差检验

| 分类器<br>数据集 | BPNN | SVM | ELM | Bayes |
|---|---|---|---|---|
| Leukemia | 0.0035471 | 0.0017979 | 0.005102 | 0.0035470 |
| Colon | 0.0032142 | 0.0047820 | 0.002533 | 0.0028413 |
| SRBCT | 0.0026488 | 0.0039063 | 0.004072 | 0.0026488 |

为了比较 t-test/f-test 算法与 MMIGA-Selection 算法性能，本章用标准的 BPNN、ELM、SVM 和 Bayes 四个不同分类器在三个数据集上分别进行了 15 次 5 折交叉验证，实验结果由每次得到的值相加除以 15 得到，如表 3-8～表 3-10 所示[33]。

表 3-8　Leukemia 数据集上 5 折交叉验证精度

| 算法 ＼ 基因数 | 12 | 50 | 107 | 207 |
|---|---|---|---|---|
| MMIGA-Selection/ELM | 0.91958 | 0.95102 | 0.97998 | 0.98122 |
| t-test/ELM | 0.87720 | 0.95987 | 0.95001 | 0.97861 |
| MMIGA-Selection/SVM | 0.93429 | 0.96668 | 0.98812 | 0.99100 |
| t-test/SVM | 0.90402 | 0.95123 | 0.96330 | 0.98001 |
| MMIGA-Selection/BPNN | 0.94467 | 0.97866 | 0.98324 | 0.98918 |
| t-test/BPNN | 0.92887 | 0.96310 | 0.97812 | 0.97861 |
| MMIGA-Selection/Bayes | 0.95462 | 0.98774 | 0.97214 | 0.99110 |
| t-test/Bayes | 0.93712 | 0.96012 | 0.96889 | 0.98611 |

表 3-9　Colon 数据集上 5 折交叉验证精度

| 算法 ＼ 基因数 | 20 | 74 | 123 | 199 |
|---|---|---|---|---|
| MMIGA-Selection/ELM | 0.87872 | 0.90122 | 0.91223 | 0.9840 |
| t-test/ELM | 0.87800 | 0.88711 | 0.88711 | 0.9719 |
| MMIGA-Selection/SVM | 0.90321 | 0.91244 | 0.91222 | 0.9841 |
| t-test/SVM | 0.87811 | 0.90244 | 0.9879 | 0.9793 |
| MMIGA-Selection/BPNN | 0.91943 | 0.88702 | 0.90177 | 0.91117 |
| t-test/BPNN | 0.90942 | 0.88712 | 0.88712 | 0.88710 |
| MMIGA-Selection/Bayes | 0.90128 | 0.92221 | 0.91221 | 0.89221 |
| t-test/Bayes | 0.88122 | 0.87126 | 0.88971 | 0.83871 |

表 3-10　SRBCT 数据集上 5 折交叉验证精度

| 算法 ＼ 基因数 | 18 | 62 | 108 | 250 |
|---|---|---|---|---|
| MMIGA-Selection/ELM | 1.0000 | 0.99122 | 0.97822 | 0.98110 |
| f-test/ELM | 1.0000 | 0.97012 | 0.98221 | 0.95330 |
| MMIGA-Selection/SVM | 1.0000 | 1.00000 | 0.98391 | 0.98357 |
| f -test/SVM | 1.0000 | 0.98110 | 0.98101 | 0.97112 |
| MMIGA-Selection/BPNN | 1.0000 | 0.99001 | 0.98410 | 0.99212 |
| f -test/BPNN | 1.0000 | 0.98704 | 0.99100 | 0.97222 |
| MMIGA-Selection/Bayes | 1.0000 | 0.99778 | 0.97912 | 0.98777 |
| f -test/Bayes | 1.0000 | 0.99811 | 0.96812 | 0.96222 |

为了能够更直观地看到实验结果，将表格中的数据进行整理画图，如图 3-7～图 3-9 所示。图中 MMIGA-Selection 简写为 MS；t-test 简写为 t；f-test 简写为 f。

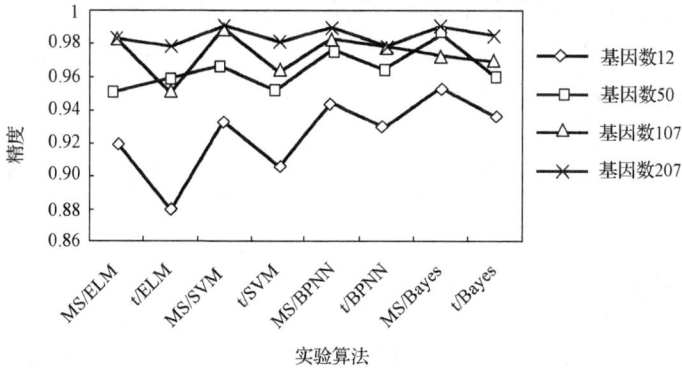

图 3-7　Leukemia 数据集上不同分类器分类精度结果

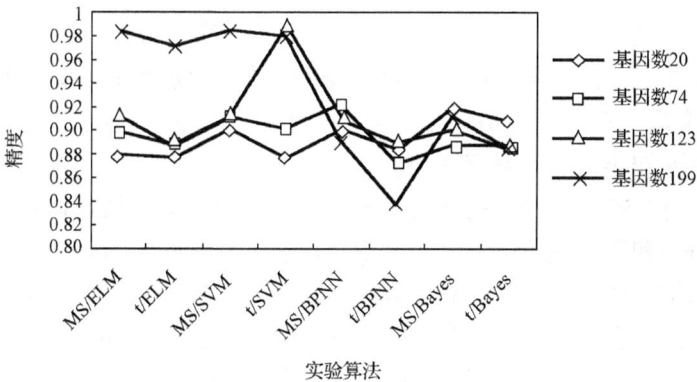

图 3-8　Colon 数据集上不同分类器分类精度结果

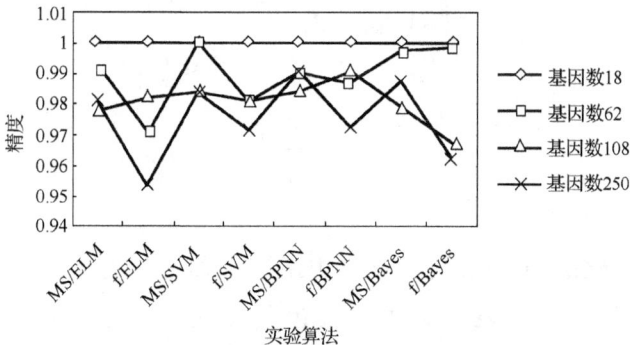

图 3-9　SRBCT 数据集上不同分类器分类精度结果

由表 3-8～表 3-10 和图 3-7～图 3-9 可以看出，MMIGA-Selection 算法在不同

分类器上都有较高的分类精度，算法的泛化性好。在大部分情况下，MMIGA-Selection 算法比其余算法效果更好。由于较好的初始种群提供了较优的搜索起点，在选择过程中为遗传算法节省了时间，结合遗传算法本身时间复杂度较高的特点，MMIGA-Selection 算法比 t-test/f-test 算法相对更耗时，但是差别较小，在基因选择领域中可以接受。

## 3.8　基于互信息最大化和自适应遗传算法的基因选择

### 3.8.1　自适应遗传算法

嵌入误分类代价和拒识代价的极限学习机基因表达数据分类交叉和变异是遗传算中两个非常关键的操作，个体间通过交叉操作可以从全局产生新个体，单个个体通过变异操作可以从局部产生新个体,这就保证了遗传算法(GA)可以从全局和局部搜索最优解。在标准 GA 中，交叉概率和变异概率作为参数都是由人工提前设置，且在 GA 搜索期间都是固定不变的。当交叉概率过大时，种群进化速度较快(即 GA 全局搜索速度较快)，容易造成较优个体(较优解)还未搜索到就可能被淘汰，交叉概率较小时 GA 易陷入停滞；当变异概率较大时，GA 就退化为一般搜索算法，变异概率较小时 GA 就失去了局部寻优的能力。如果通过多次试验来寻找合适的交叉概率和变异概率，不仅容易受外界因素的影响，而且获得的不一定是最佳的。因此，合理的方法是让 GA 根据在问题空间的搜索情况自动调整交叉概率和变异概率，这就是自适应遗传算法(Adaptive Genetic Algorithm，AGA)[34]的改进措施，AGA 中 $P_c$, $P_m$ 的自适应调整分别按式(3-22)和式(3-23)进行：

$$P_c = \begin{cases} k_1\left(\dfrac{f_{max}-f'}{f_{max}-f_{avg}}\right), & f' > f_{avg} \\ k_2, & f' \leqslant f_{avg} \end{cases} \quad (3\text{-}22)$$

$$P_m = \begin{cases} k_3\left(\dfrac{f_{max}-f}{f_{max}-f_{avg}}\right), & f > f_{avg} \\ k_4, & f \leqslant f_{avg} \end{cases} \quad (3\text{-}23)$$

式中，$f_{max}$ 表示 AGA 在一次迭代寻优中所有个体适应度的最大值，$f_{avg}$ 表示种群的适应度平均值，$f'$ 表示要进行染色体交叉的双亲中适应度较大的值，$k_1,k_2,k_3,k_4$ 为四个控制参数，事先设定且固定不变，取值范围为(0,1)。AGA 寻优过程如图 3-10 所示，其中 rand 为随机概率。

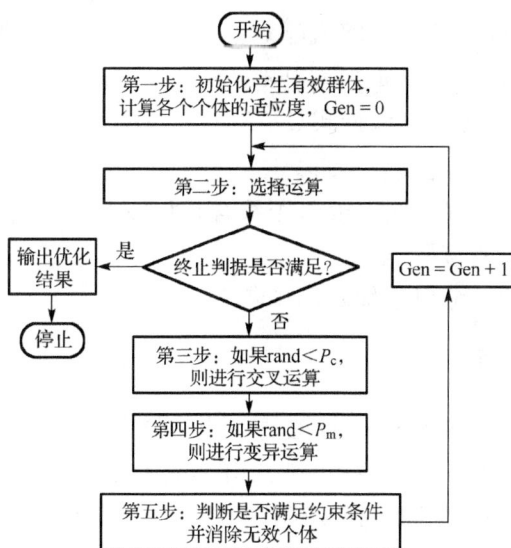

图 3-10　AGA 寻优过程图

## 3.8.2　算法流程

把互信息最大化和自适应遗传算法进行结合，提出一种 MMIAGA-Selection 基因选择算法[35]，其中分类器为 ELM，AGA 适应度函数设为 ELM 的分类准确率，式(3-22)和式(3-23)中 $k_1,k_2,k_3,k_4$ 值分别设为 0.9,0.6,0.1,0.001，迭代结束条件为 600。设基因表达数据源数据集为 $A$，$A$ 中共有 $a_1$ 个样本，$a_2$ 个基因($A$ 为一个二维矩阵，行数为样本数 $a_1$，每一行代表一个样本，列数为基因数为 $a_2$，每一列代表一个基因的不同表达值)，下面对 MMIAGA-Selection 详细过程进行描述。

(1)计算 $A$ 中所有基因的互信息，然后用 MMI 对原始基因进行过滤，选取 300 个基因，得到初选基因子集 $B$($B$ 也是一个二维矩阵，行数为 $a_1$，列数为 300，且 $B \subset A$)。

(2)对 AGA 中的种群进行初始化。种群规模的设定需依据问题空间而定，规模越大，AGA 越容易从多个点搜索最优解，所用时间就越久，一般种群大小为 20～100。本章中，种群规模 $M$ 设置为 30，个体依据 $B$ 随机产生(每次从 $B$ 中随机选择若干列构成一个个体，30 次产生 30 个个体，所有个体行数都是 $a_1$)。

(3)采用二进制策略对种群中 30 个个体进行编码，编码后的每个个体对应一个长度为 300 的染色体。染色体是一个长为 300 的行向量，如果个体某列取自 $B$ 的第 $i$ 列，则染色体第 $i$ 位就编码为 1；个体所有列与染色体相应映射位编码完成后，染色体其余所有位编码为 0)。

(4)根据设定的适应度函数计算所有个体适应度值和参数 $f_{max}, f_{avg}, f$。

(5)采用轮盘赌法对现种群进行选择操作，选择那些适应度值最大的个体。

(6)对步骤(5)中的个体进行随机配对，依据式(3-22)中交叉概率 $P_c$，利用单点交叉法交换随机点的基因，得到新种群。

(7)对步骤(6)中新种群，依据式(3-23)变异概率 $P_m$，采用基本位变异法对个体进行变异操作，进一步得到新种群。

(8)判断现种群中最优适应度值是否符合目标或者迭代是否结束，如果是，则转到步骤(9)；否则转到步骤(4)。

(9)根据解码规则，输出最优基因子集。

### 3.8.3 实验与结果分析

为了验证 MMIAGA-Selection 算法的性能，仿真实验在 MATLAB R2012b 上完成，数据集为来自 UCI(University of California Irvine)大学提供的数据库，所用数据集分别是 Colon、Leukemia 和 SRBCT。Colon 数据集中共有 62 个样本，2000 个基因，为二分类问题，其中 Negative 类型共有 40 个样本，Positive 类型共有 22 个样本；Leukemia 数据集中共有 72 个样本，7130 个基因，为二分类问题，其中 ALL 类型共有 24 个样本，急性粒细胞性白血病(Acute Myelocytic Leukemia，AML)类型共有 28 个样本；SRBCT 数据集中共有 83 个样本，2308 个基因，为多分类问题，其中 Negative 类型共有 150 个样本，Positive 类型共有 120 个样本。AGA 选择 ELM 作为分类器，适应度函数为 ELM 对样本的分类精度，ELM 隐层节点数设为 100，激活函数采用 Sigmoid。

特征选择的目标首先是对源数据集进行降维，为了验证 MMIAGA-Selection 算法的降维能力，在用 MMI 对源数据集进行筛选得到 300 个基因的子集后，再用 MMIAGA-Selection 算法进行特征选择。

从表 3-11 中可以看出，通过运用互信息最大化和 AGA 两步特征选择，MMIAGA-Selection 算法在三个数据集上都实现了有效的降维——将原特征从几千维降低到 300 维以下，且在同一批次实验中，选择的最终基因子集数都相差不大，证明该方法用于特征选择是可行的。

表 3-11 不同数据集上选择的基因数

| 数据集 | 基因数 | | | | |
|---|---|---|---|---|---|
| | 1 | 2 | 3 | 4 | 5 |
| Colon | 8 | 15 | 70 | 120 | 190 |
| Leukemia | 10 | 13 | 55 | 70 | 200 |
| SRBCT | 9 | 20 | 63 | 106 | 233 |

注：表中数字 1~5 表示基因子集 1~基因子集 5。

为了证明经过特征选择而获得的基因子集是最优的，需进一步用这些基因子集做分类精度测试。分类算法选用 BP、SVM、ELM 和正则超限学习机（Regularized Extreme Learning Machine，RELM）；BP 选择三层结构，隐层节点数设为 50，迭代次数最多为 600，学习速率定为 0.01，激活函数选择 Sigmoid；SVM 惩罚因子设为 0.12，$\gamma$ 系数设为 0.13，核函数选择 Sigmoid；RELM 和 ELM 设置相同参数。

为尽可能保证结果的准确性，每次实验进行 5 折交叉验证，分类精度取平均值，最后把实验结果绘制成图，如图 3-11～图 3-13 所示。

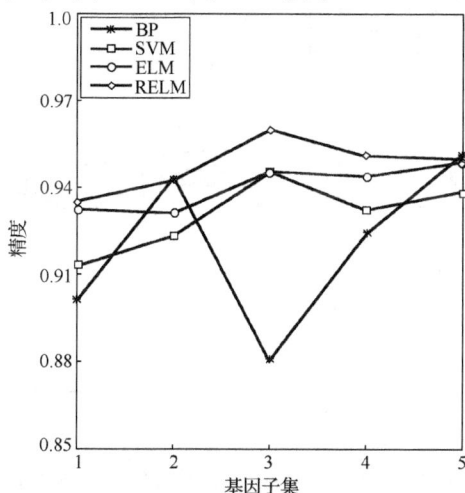

图 3-11　Colon 数据集上不同分类器分类精度

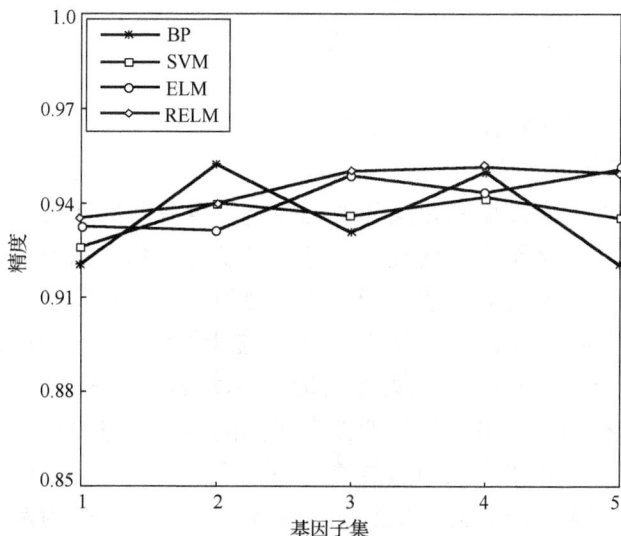

图 3-12　Leukemia 数据集上不同分类器分类精度

在实验图中，横坐标 1、2、3、4、5 分别表示特征选择时从数据集中选择的基因子集，例如，图 3-11 中横坐标 1 表示特征选择时从 Colon 数据集中最后获得的基因数 8 的基因子集。从三个图中可以看出，四种分类器在三种数据集的 5 个基因子集上都获得了高于 0.88 的分类准确率，表明 MMIAGA-Selection 算法选择的基因子集能使分类器获得较高的分类精度。

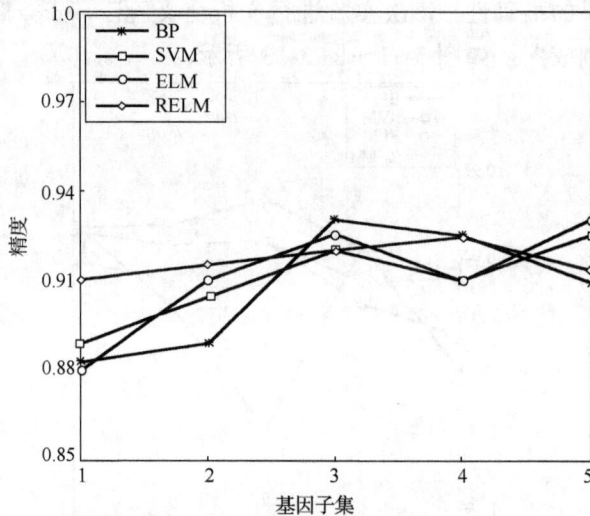

图 3-13　SRBCT 数据集上不同分类器分类精度

# 3.9　小　　结

本章中提出了三种特征提取的基因选择算法。

(1)基于信息增益和遗传算法的基因选择算法。该算法将特征选择转化为全局优化问题，通过将适应度函数定义为类间距离与类内距离之比，使得算法具有模型无关性。该算法有两个主要优点：一是它可以有效减少冗余基因；二是模型无关性，得到的特征子集可以直接用于其他类型的分类器并获得较高的分类精度。

(2)基于互信息最大化的模型无关特征选择算法。结合互信息最大化方法(Filter 法)对基因进行初步筛选，去除大量噪声以及不相关特征，为遗传算法提供一个更好的种群初始化环境。理想的搜索起点能够加快遗传算法的搜索速度，由于将类间距离与类内距离定义为遗传算法的适应度函数，使得算法与分类器无关，适应程度与运行效率相对较高。实验结果显示，该算法在基因特征选择上取得了较好的结果，有两个主要优点：一是能够有效减少冗余基因；二是模型无关性，泛化程度高。

(3)基于互信息最大化和自适应遗传算法的特征选择算法。首先通过互信息最人化选取 300 个初选基因子集，然后再运用 AGA 从这 300 个中选择最优基因子集。通过在三个不同数据集上的实验表明，该算法有效降低了基因表达数据的维度，选择出较优基因子集，并使不同分类器都能获得较高的分类精度。但因为 AGA 中的交叉概率和变异概率是通过一个线性公式进行自动调整的，这种方式比较适合种群后期进化，对前期进化不利，可能会造成"停滞"现象出现。因此可以考虑对交叉概率和变异概率的调整方式进行改进，避免 AGA 搜索过程中出现"停滞"。

# 参 考 文 献

[1] Kang H N, Chen I M, Wilson C S, et al. Gene expression classifiers for relapse-free survival and minimal residual disease improve risk classification and outcome prediction in pediatric B-precursor acute lymphoblastic leukemia[J]. Blood, 2010, 115(7): 1394-1405.

[2] Liu H, Li J, Wong L. A comparative study on feature selection and classification methods using gene expression profiles and proteomic patterns[J]. Genome Informatics, 2002, 13: 51-60.

[3] Zhao Z, Wang L, Liu H. Efficient spectral feature selection with minimum redundancy[C]// Proceedings of the National Conference on Artificial Intelligence, 2010, 1: 673-678.

[4] Yukyee L, Yeungsam H. A multiple-filter-multiple-wrapper approach to gene selection and microarray data classification[J]. IEEE/ACM Transactions on Computational Biology and Bioinformatics, 2010, 7(1): 108-117.

[5] Huang G B, Ding X J, Zhou H M. Optimization method based extreme learning machine for classification[J]. Neurocomputing, 2010, 74(1-3): 155-163.

[6] Maldonado S, Weber R. A wrapper method for feature selection using support vector machines[J]. Information Sciences, 2009, 179(13): 2208-2217.

[7] Michalewicz Z. A modified genetic algorithm for optimal control problems[J]. Computers &Mathematics with Applications, 1992, 23(12): 83-94.

[8] Huang J J, Cai Y Z, Xu X M. A Hybrid genetic algorithm for feature selection wrapper based on mutual information[J]. Pattern Recognition Letters, 2007, 28(13): 1825-1844.

[9] Wang J C, Shan L M, Duan X S. Improved SVM-RFE feature selection method for multi-SVM classifier[C]//2011 International Conference on Electrical and Control Engineering, 2011: 1592-1595.

[10] Liu Q Z, Chen C H, Zhang Y, et al. Feature selection for support vector machines with RBF kernel[J]. Artificial Intelligence Review, 2011, 36(2): 99-115.

[11] Li R, Lu J J, Zhang Y F, et al. Dynamic adaboost learning with feature selection based on

parallel genetic algorithm for image annotation[J]. Knowledge-Based Systems, 2010, 23(3): 195-201.

[12] Jiang J S, Shu W N, Jin H X. An efficient feature selection algorithm based on hybrid clonal selection genetic strategy for text categorization[J]. Lecture Notes in Electrical Engineering, 2010, 56: 127-134.

[13] 王明怡. 微阵列数据挖掘技术的研究[D]. 杭州: 浙江大学, 2004.

[14] 刘庆和, 梁正友. 一种基于信息增益的特征优化选择方法[J]. 计算机工程与应用, 2011, 47(12): 130-132.

[15] Hu Y, Loizou P C.Speech enhancement based on wavelet thresholding the multitaper Spectrum[J]. IEEE Transactions on Speech and Audio Processing, 2004, 12(1): 59-67.

[16] 任江涛, 孙靖昊. 一种基于信息增益及遗传算法的特征选择算法[J]. 计算机科学, 2006,33(10): 193-195.

[17] Wang Z T, Zhang H J, Hang Y. Fire distribution optimization based on quantum immune genetic algorithm[C]//2011 International Conference of Information Technology Computer Engineering and Management Sciences, 2011, 1: 95-98.

[18] Jiang F G, Wang Z Q.The truss structural optimization design based on improved hybrid genetic algorithm[J]. Advanced Materials Research, 2011, 163-167: 2304-2308.

[19] Heller M J. DNA microarray Technology: Devices, systems, and applications[J]. Annual Review of Biomedical Engineering, 2002, 4(1): 129-153.

[20] Yu Z, Chen H, You J, et al. Double selection based semi-supervised clustering ensemble for tumor clustering from gene expression profiles[J]. IEEE/ACM Transactions on Computational Biology and Bioinformatics (TCBB), 2014, 11(4): 727-740.

[21] Kabir M M, Shahjahan M, Murase K. A new local search based hybrid genetic algorithm for feature selection[J]. Neurocomputing, 2011, 74(17): 2914-2928.

[22] Qu H, Xing K, Alexander T. An improved genetic algorithm with co-evolutionary strategy for global path planning of multiple mobile robots[J]. Neurocomputing, 2013, 120: 509-517.

[23] 梁宇宏, 张欣.对遗传算法的轮盘赌选择方式的改进[J]. 信息技术, 2009, 33(12): 112-117.

[24] 尤海峰, 王煦法.锦标赛选择交互式遗传算法及其应用[J]. 小型微型计算机系统, 2009, 30(9): 98-105.

[25] 巩敦卫, 孙晓燕. 协同进化遗传算法理论及应用[M]. 北京: 科学出版社, 2009.

[26] 刘金勇,郑恩辉,陆慧娟. 基于聚类和微粒群优化的基因选择方法[J]. 数据采集与处理, 2014, 29(1): 83-89.

[27] Liu H Q, Li J Y, Wong L. A comparative study on feature selection and classification methods using gene expression profiles and proteomic patterns[J]. Genome Informatics, 2002, 13: 51-60.

[28] Schapire R E. The strength of weak learn ability[J]. Machine Learning, 1990, 5(2): 197-227.

[29] 安春霖, 陆慧娟, 郑恩辉, 等. 嵌入误分类代价和拒识代价的极限学习机基因表达数据分类[J]. 山东大学学报（工学版）, 2013, 43(4): 18-25.

[30] Demsar J. Statistical comparisons of classifiers over multiple data sets[J].Journal of Machine Learning Research, 2006, 7(1): 1-30.

[31] Chen R, Liang C Y, Hong W C, et al. Forecasting holiday daily tourist flow based on seasonal support vector regression with adaptive genetic algorithm[J]. Applied Soft Computing, 2015, 26: 435-443.

[32] Wei S S, Lu H J, Wei J, et al. A construction method of gene expression data based on information gain and extreme learning machine classifier on cloud platform[J]. International Journal of Database Theory & Application, 2014, 7(2): 99-108.

[33] 魏莎莎, 陆慧娟, 金伟, 等. 基于云平台的互信息最大化特征提取方法研究[J]. 电信科学, 2013, 29(10): 38-42.

[34] Yan K, Ji Z, Shen W. Online fault detection methods for chillers combining extended Kalman filter and recursive one-class SVM[EB/OL]. http://www. sciencedirect. com/science/article/pii/ S0925231216312528[2016-12-20].

[35] Lu H J, Chen J Y, Yan K, et al. A hybrid feature selection algorithm for gene expression data classification[EB/OL]. https://doi. org/10.1016/j.neucom.2016.07.080[2016-12-20].

# 第 4 章  基于核主成分分析的
# 旋转森林基因数据分类算法

## 4.1  引　　言

对于基因数据的分类问题，目前主要集中在分类精度、泛化能力、算法的复杂性和可理解性上。但是基因表达数据维数高、小样本和非线性等特点，使得基因表达数据的分析遇到一定的困难，且对于部分基因数据集，存在线性不可分的情况。原始的旋转森林算法在对线性不可分的基因数据集进行分类时容易出现分类精度低、耗时长等问题。对样本数据的筛选、特征选择、降维、数据分类等都是当前数据挖掘和机器学习中的一个研究热点，通过分析差异基因来进行诊断和治疗。

旋转森林[2]是于 2006 年提出的一种分类器集成系统，其基本思想建立在随机森林(Random Forest，RF)算法基础之上。旋转森林把原特征空间分割成若干子集，之后对每个子集分别进行某种线性变换，如主成分分析(Principal Components Analysis，PCA)。在保留所有主成分的情况下，将得到的变换分量分别按照这些子集原来对应的顺序合并，这样每次随机分割后得到的数据集都被投影到不同坐标空间中，因而形成差别较大的分量子集。用这些分量自己训练分类器，能够得到差异较大且分类性能较高的基分类器，以提高集成分类的性能。

毛莎莎等[3]利用旋转森林集成方式，集成了两种不同的模型，充分利用了两种模型各自的优势，这为形成异构算法集成提供了启示。Mousavi 等[4]结合了旋转森林算法和集成剪枝两种方法并提出了 EP-RTF(Ensemble Pruning and Rotation Forest)算法。该算法首先通过遗传算法选择异构的分类器子集；然后运用旋转森林方法进行训练，参数由遗传算法进行优化，并使用加权投票的方式得出最终结果。Wong 等[5]将旋转森林分类器和局部相位量化(Local Phase Quantization，LPQ)算法相结合，验证了旋转森林和支持向量机分类器的良好性能，同时也为未来的蛋白质研究提供了理论基础。不过从目前的文献来看，对旋转森林算法的研究和应用依然不多，有很多地方值得进一步深入探讨。

本章提出了一种运用核主成分分析的旋转森林算法（Kernel Principal Components Analysis and Rotation Forest，KPCA-RoF）。该算法首先利用核主成分分析的方法进行数据的非线性映射和差异性变换，并选择合适的参数；然后利用决策树算法进行集成学习，形成核函数旋转森林算法。实验表明，核旋转森林方法在同等集成度的条件下具有更高的分类精度，这在一定程度上可以解决基因数据线性不可分的情形。

# 4.2　集 成 算 法

集成算法先通过集成多个基分类器共同决策的机器学习技术，再通过不同的样本集训练有差异的基分类器，得到的集成分类器可以有效地提高学习效果[6]。集成算法的主要难点在于究竟集成哪些独立的、较弱的学习模型以及如何把学习结果整合起来。这是一类非常强大的算法，同时也非常流行。常见的算法包括：Boosting[7]，Adaboost[8]，Bootstrapped Aggregation（Bagging）[9]，随机森林[10]以及旋转森林[11]。

## 4.2.1　Boosting 算法

Boosting 算法是一种用来提高弱分类算法准确度的方法，这种方法通过构造一个预测函数系列，然后以一定的方式将它们组合成一个预测函数[12]。Boosting 是一种提高任意给定学习算法准确度的方法。它的思想起源于 Valiant 提出的概率近似正确（Probably Approximately Correct，PAC）[13]学习模型。

Boosting 是一种框架算法，主要是通过对样本集的操作获得样本子集，然后用弱分类算法在样本子集上训练生成一系列的基分类器。它可以用来提高其他弱分类算法的识别率，也就是将其他的弱分类算法作为基分类算法放于 Boosting 框架中，通过 Boosting 框架对训练样本集的操作，得到不同的训练样本子集，用该样本子集去训练生成基分类器；每得到一个样本集就用该基分类算法在该样本集上产生一个基分类器，这样在给定训练轮数 $n$ 后，就可产生 $n$ 个基分类器，然后 Boosting 算法将这 $n$ 个基分类器进行加权融合，产生一个最后的结果分类器，在这 $n$ 个基分类器中，每个单个的分类器的识别率不一定很高，但它们联合后的结果有很高的识别率，这样便提高了该弱分类算法的识别率。在产生单个的基分类器时可用相同的分类算法，也可用不同的分类算法，这些算法一般是不稳定的弱分类算法。

## 4.2.2　Adaboost 算法

由于 Boosting 算法在解决实际问题时有一个重大的缺陷，即它们都要求事先知道弱分类算法分类正确率的下限，这在实际问题中很难做到。后来 Freund 和 Schapire 提出了 Adaboost 算法。Adaboost 是一种迭代算法，其核心思想是针对同一个训练集训练不同的分类器(弱分类器)，然后把这些弱分类器集合起来，构成一个更强的最终分类器(强分类器)[14,15]。其算法本身是通过改变数据分布来实现的，它根据每次训练集中每个样本的分类是否正确，以及上次的总体分类的准确率，来确定每个样本的权值。将修改过权值的新数据集送给下层分类器进行训练，最后将每次训练得到的分类器融合起来，作为最后的决策分类器。使用 Adaboost 分类器可以排除一些不必要的训练数据特征，并放在关键的训练数据上面。

Adaboost 是一种比较有特点的算法，可以总结如下。

(1)每次迭代改变的是样本的分布，而不是重采样。

(2)样本分布的改变取决于样本是否被正确分类，总是分类正确的样本权值低，总是分类错误的样本权值高(通常是边界附近的样本)。

(3)最终的结果是弱分类器的加权组合，权值表示该弱分类器的性能。

Adaboost 算法优点如下所示。

(1)Adaboost 是一种有很高精度的分类器。

(2)可以使用各种方法构建子分类器，Adaboost 算法提供的是框架。

(3)当使用简单分类器时，计算出的结果是可以理解的，而且弱分类器构造极其简单。

(4)简单，不用做特征筛选。

## 4.2.3　Bagging 算法

Bagging 算法的主要思想是给定一弱学习算法和一训练集 $(x_1, y_1), \cdots, (x_n, y_n)$ [16]，让该学习算法训练多轮，每轮的训练集由从初始的训练集中随机取出的 $n$ 个训练例组成，初始训练例在某轮训练集中可以出现多次或根本不出现。训练之后可得到一个预测函数序列 $h_1, \cdots, h_n$，最终的预测函数 $H$ 对分类问题采用投票方式对新示例进行判别。Breiman 指出，稳定性是 Bagging 算法能否提高预测准确率的关键因素：Bagging 对不稳定的学习算法能提高预测的准确度，而对稳定的学习算法效果不明显，有时甚至使预测精确度降低。学习算法的不稳定性是指如果训练集有较小的变化，那么学习算法产生的预测函数将发生较大变化。

## 4.2.4　随机森林

随机森林[17-19]是用随机的方式建立一个森林，森林由很多的决策树组成，随机森林的每一棵决策树之间没有关联。得到森林后，当有一个新的输入样本进入时，先让森林中的每一棵决策树分别进行判断，判断这个样本应该属于哪一类（对于分类算法）；然后看看哪一类被选择最多，就预测这个样本为那一类（投票法决定）（图 4-1）。

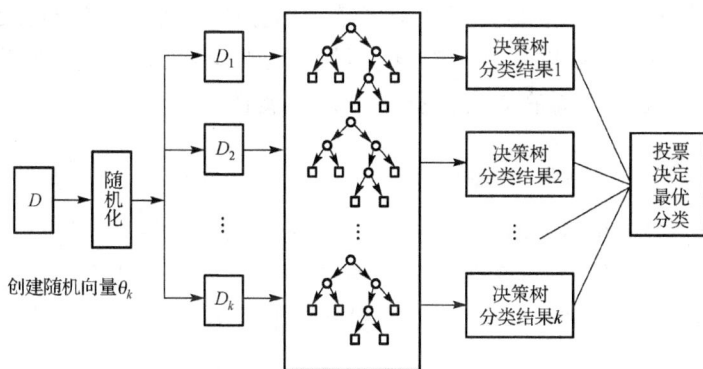

图 4-1　随机森林示意图

在建立每一棵决策树的过程中，需要注意采样与完全分裂。首先是两个随机采样的过程，随机森林对输入的数据要对行、列两方面采样。对于行采样，采用有放回的方式，即在采样后得到的样本集合中，可能有重复的样本。假设输入样本为 $N$ 个，那么采样的样本也为 $N$ 个。这样使得在训练的时候，每一棵树的输入样本都不是全部的样本，使得相对不容易出现过拟合。进行列采样时，从 $M$ 个特征中，选择 $m$ 个 $(m \ll M)$。之后就是对采样之后的数据使用完全分裂的方式建立出决策树，这样决策树的某一个叶子节点要么是无法继续分裂的，要么里面的所有样本都是指向同一个分类。一般很多的决策树算法都有一个重要的步骤——剪枝，由于之前的两个随机采样的过程保证了随机性，所以即使不剪枝也不容易出现过拟合的现象。

按上述算法得到的随机森林中的每一棵的分类精度都是很弱的，但经过组合之后就会变得强大。随机森林具有很多方面的优点，如下所示。

（1）在数据集上表现良好。在当前的很多数据集上，相对其他算法有着很大的优势，它能够处理很高维度的数据，并且不用做特征选择，在训练完后，它能够给出哪些特征比较重要，在训练过程中，能够检测到特征间的互相影响。

（2）训练速度快。

（3）容易做成并行化方法。因为各个生成树互不相关，所以可以在分布式系统上去实现，令每个节点生成一棵树。

（4）它包含一个好方法可以估计遗失的信息；并且，即使有一部分信息遗失，仍可以维持准确度。

(5)对于不平衡的分类资料集来说,它可以平衡误差。

(6)实现比较简单。

但它同时也存在一定的缺点,如下所示。

(1)随机森林已经被证明在某些噪声较大的分类或回归问题上会过拟合。

(2)对于有不同级别的属性的数据,级别划分较多的属性会对随机森林产生更大的影响,所以随机森林在这种数据上产出的属性权值是不可信的。

### 4.2.5　旋转森林

旋转森林是 2006 年提出的一种分类器集成系统,其基本设计思想建立在随机森林算法基础之上[20,21]。旋转森林先把原特征空间分割成若干子集;之后对每个子集分别进行某种线性变换,如主成分分析,保留所有主成分的情况下,将得到的变换分量分别按照这些子集原来对应的顺序合并,这样每次随机分割后得到的数据都被投影到不同坐标空间中,因而形成差别较大的分量子集。用这些分量子集训练分类器,能够得到差异度很大且分类性能较高的基分类器,以提高集成系统的分类性能。

算法如下:在包含了 $n$ 个特征的 $x=[x_1,\cdots,x_n]^{\mathrm{T}}$ 数据集中, $x$ 是样本量为 $N$ 的 $N\times n$ 矩阵,它们构成了特征集 $F$ , $Y$ 是与之对应的分类变量 $y=[y_1,\cdots,y_N]$ ,分类取值为 $\{\omega_1,\cdots,\omega_c\}$ 。在微阵列表达数据中,通常以基因表达量为特征集,表型为分类变量。算法中有两个重要参数需要定义:数据集分割数目 $K$ ,集成分类系统的基分类器数目 $L$ 。在集成分类系统中,一般包含 $L(=D_1,\cdots,D_L)$ 个子分类器。

第一步,首先将特征集 $F$ 随机分割为 $K$ 个子集,每个子集含有 $M=n/K$ 个变量,为简单起见,一般设定 $K$ 为 $n$ 的一个因数。由于是随机分割,这些子集中的变量可以相同,也可以不同。

第二步, $F_{ij}$ 用于训练子分类器 $D_i$ 的第 $j$ 个特征子集。对应于每一个特征子集 $F_{ij}$ , $X_{ij}$ 为 $x$ 中包含 $F_{ij}$ 特征的样本子集。对 $X_{ij}$ 采用 Bootstrap 重采样技术,随机且有重复地抽取 75%的个体,构成新的 Bootstrap 样本集 $X'_{ij}$ 。随后对 $X'_{ij}$ 进行某种线性变换,一般采用主成分分析,并且记录生成的系数矩阵 $C_{ij}$ 用 $a_{ij}^1,\cdots,a_{ij}^{M_j}$ 表示其系数,它们都是 $M\times 1$ 的向量。值得注意的是,可能得到的特征值为 0,导致 $M_j \leq M$ 。在特征子集而不是全数据集上进行线性变换的目的是:避免用相同的系数矩阵来构建子分类器。

第三步,用已经获得的系数矩阵 $C_{ij}$ 构造一个稀疏的"旋转"矩阵 $R_i$:

$$R_i = \begin{bmatrix} a_{i1}^1,\cdots,a_{i1}^{M_1} & [0] & \cdots & [0] \\ [0] & a_{i2}^1,\cdots,a_{i2}^{M_2} & \cdots & [0] \\ \vdots & \vdots & & \vdots \\ [0] & [0] & \cdots & a_{ik}^1,\cdots,a_{ik}^{M_k} \end{bmatrix} \qquad (4\text{-}1)$$

矩阵 $R_i$ 中的每一列都按原始特征集重新排序，重新排序后得到的旋转矩阵记为 $R_i^a$，它是一个 $N \times n$ 的矩阵。对于子分类器 $D_i$，旋转变换后的训练集为 $X' = XR_i^a$。

第四步，在分类阶段，对新样本 $x$ 也需要进行旋转变换，变换后的新样本 $x' = xR_i^a$。设 $d_{ij}(xR_i^a)$ 为子分类器 $D_i$ 判定样本 $x$ 属于类别 $\omega_c$ 的概率，则将该样本分配为某个类别的可信度为

$$\mu_j(x) = \frac{1}{L}\sum d_{ij}(xR_i^a), \quad j = 1, 2, \cdots, c \qquad (4\text{-}2)$$

样本 $x$ 以最大可信度判断其所属的类别。

## 4.3　基于核主成分分析的旋转森林

### 4.3.1　核函数相关理论

对于任意一数据集 $T$ 有以下关系：

$$T = \{(x_1, y_1), (x_2, y_2), \cdots, (x_n, y_n)\}$$

其中，$x_i \in \chi = \mathbf{R}_n, y_i \in \eta = \{+1, -1\}$，$i = 1, 2, \cdots, n$，$\mathbf{R}_n$ 表示 $n$ 维空间。如果存在一个超平面 $S$：

$$w \cdot x + b = 0 \qquad (4\text{-}3)$$

可以将两类样本完全分开，则称数据集 $T$ 为线性可分数据集，如图 4-2 所示。

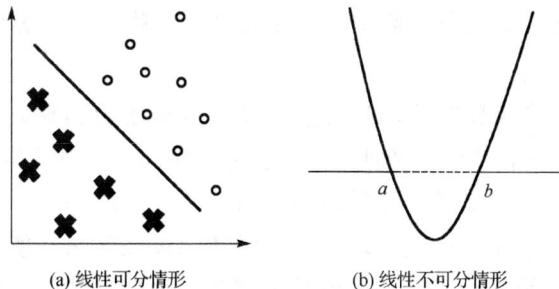

(a) 线性可分情形　　　　　　　　(b) 线性不可分情形

图 4-2　线性可分与线性不可分

一个数据集是否线性可分，取决于是否能找到一个超平面来分离开两个相邻的类别。如果每个类别的分布范围本身是全连通的单一凸集，且没有重叠部分，则这两个

类别就是线性可分的。如果存在的多种模式可以用 $n$ 维欧氏空间的点分开，则可以在此空间中形成一个曲面把归属于不同模式的样本点完全隔开，如 SVM[22]就可以很好地分类。线性不可分的现象，简单来说就是一个数据集不可以通过一个线性分类器(直线、平面)来实现正确的分类。

对于线性不可分的情形，可以采用核函数映射的方式得到其特征空间，之后在此基础上进一步操作。但是采用直接映射的方法在高维空间进行操作是不可行的，因为直接映射本身就存在着计算复杂等技术问题，且映射函数的形式和参数也不容易把握，借助核函数的方法可以间接地实现此种映射[23]。如图 4-2（b）所示，图中开口向上的二次抛物线就是核函数，正类样本（图中虚线部分）映射到该抛物线中得到的都是小于 0 的，负类样本（实线部分）映射得到的函数值都是大于 0 的，这个时候就是线性可分了，其中 $a, b$ 表示两个映射值为 0 的交界点。

以下列举几种常用的核函数。

（1）线性核函数

$$K(x_i, x_j) = x_i^{\mathrm{T}} x_j$$

式中，T 表示转置。

（2）$P$ 阶多项式核函数

$$K(x_i, x_j) = (\gamma x_i^{\mathrm{T}} x_j + r)^P$$

式中，$P$ 表示 $P$ 阶。

（3）高斯径向基核函数

$$K(x_i, x_j) = \exp(-\delta \| x_i - x_j \|^2)$$

上述核函数中相对应的参数特点如下：

（1）对于线性核函数，没有需要设置的参数。

（2）多项式核函数的三个参数中第一个参数 $\gamma$，默认值为类别数的倒数；其他两个参数可以分别取 $r$=0 和 $P$=3。

（3）高斯径向基核函数中的 $\delta$ 默认值可以是类别数的倒数。

将样本集作为输入，高维的特征空间作为输入空间，许多的传统线性分类算法就可以实现非线性分类，这是基于核的机器学习算法应用的基础。虽然其中的映射函数非常复杂甚至难以求出，但是可以通过核函数绕过此问题，使此方法变得容易应用。高斯径向基核函数由于更少的数值复杂度和较少的参数以及较强的代表性而成为核函数的首选方法[24]，通过调整核函数参数的大小控制其过拟合的程度而得到合适的算法。

## 4.3.2　核主成分分析

假设 $x_1, x_2, \cdots, x_m$ 为训练样本，$x_k \in \mathbf{R}^N$（$\mathbf{R}$ 为实数集），用来表示其输入空间。选定映射函数为 $\Phi$，其定义如下：

$$\Phi : \mathbf{R}^N \to F, \quad x \mapsto \xi = \Phi(x) \tag{4-4}$$

核函数通过映射关系 $\Phi$ 先实现输入样本点 $x$ 到特征空间 $F$ 的映射，$F$ 由 $\Phi(x_1), \Phi(x_2), \cdots, \Phi(x_m)$ 生成，中心化处理映射后的数据，即

$$\sum_{\mu=1}^{m} \Phi(x_\mu) = 0 \tag{4-5}$$

则所在映射后特征空间的协方差矩阵：

$$\bar{C} = \frac{1}{m} \sum_{i=1}^{m} \Phi(x_i) \Phi^{\mathrm{T}}(x_i) \tag{4-6}$$

按照主成分分析的方式求解特征方程：

$$\lambda V = \bar{C} V \tag{4-7}$$

$\lambda$ 和 $V$ 是属于 $\Phi(x_i)$ 的生成空间中的特征值和特征向量，所以：

$$\lambda \{\Phi(x_i) \cdot V\} = \{\Phi(x_i) \cdot \bar{C} V\} \tag{4-8}$$

并且存在参数 $\alpha_i$，使得 $V$ 可由 $\Phi(x_i)$ 线性表出，即

$$V = \sum_{i=1}^{m} \alpha_i \Phi(x_i) \tag{4-9}$$

合并式(4-8)、式(4-9)，把映射后数据的相互内积定义成一个 $m$ 阶的矩阵 $K$，其元素根据选择的核函数计算所得，即

$$K_{ij} = (\Phi(x_i) \cdot \Phi(x_j)) \tag{4-10}$$

则可以得到与式(4-7)等价的等式：

$$l\lambda\alpha = K\alpha \tag{4-11}$$

式中，$\alpha = (\alpha_1, \alpha_2, \cdots, \alpha_T)^{\mathrm{T}}$，矩阵 $K$ 就是以后所要用到的变换矩阵[25]。

求解 $K$ 的特征值和特征向量。设 $K$ 的特征值为 $\lambda_1 \leqslant \lambda_2 \leqslant \cdots \leqslant \lambda_m$，所对应的特征向量为 $\alpha_1, \alpha_2, \cdots, \alpha_m$。

### 4.3.3　基于核主成分分析的旋转森林算法描述

1. 基于核主成分分析的旋转森林算法

核函数方法可以按照模块化的形式扩展机器学习算法，利用这一原理，选择利用核主成分分析的方式实现样本数据的变换，并形成差异性强的训练集，之后再参照旋转森林算法以决策树为基分类器，形成核主成分分析旋转森林算法(图 4-3)。

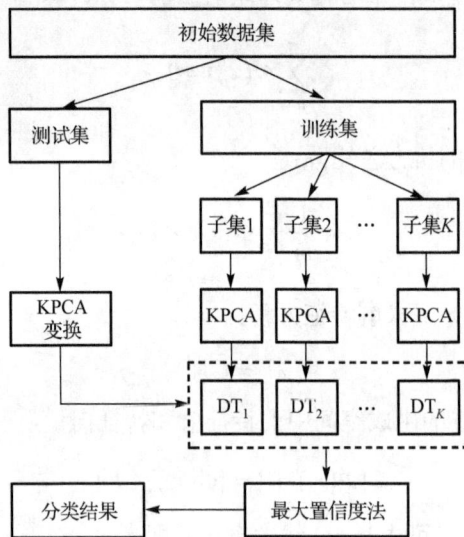

图 4-3　核主成分分析旋转森林算法描述

(1)对一给定的 $n$ 维样本集 $S:\{(x_i,y_i)\}_{i=1}^{L}$，取除去类标的特征集部分为 $H$，划分为不相交的 $K$ 份。

(2)设 $D_1,D_2,\cdots,D_L$ 为要用于分类的基分类器。$H_{ij}$ 表示 $D_i$ 分类器所使用训练集中对应的第 $j$ 个特征子集，其中 $1\leqslant i\leqslant L,1\leqslant j\leqslant K$。对样本集进行随机抽样 $m$ 次，抽样形成样本子集 $Z_{ij}$，并且 $m=n/k$，$Z_{ij}$ 表示 $H_{ij}$ 所对应的样本子集。对 $Z_{ij}$ 选择某核函数进行核主成分分析，排列其特征向量产生一个新的系数矩阵 $C_{ij}$。

(3)重复上述步骤，对每个 $Z_i$ 通过核主成分分析的方式产生一个系数矩阵，共重复了 $K$ 次。

(4)将上述产生的系数矩阵组合成一个巨大的稀疏矩阵，以此生成基分类器 $D_i$ 的旋转矩阵 $R_i$：

$$R_i = \begin{bmatrix} C_{i1} & 0 & \cdots & 0 \\ 0 & C_{i2} & \cdots & 0 \\ \vdots & \vdots & & \vdots \\ 0 & 0 & \cdots & C_{ik} \end{bmatrix} \tag{4-12}$$

这样分类器 $D_i$ 所使用的训练集则为 $ZR_i$。同样在测试过程中，对于新样本 $x$，也要与旋转矩阵进行相乘得到 $xR_i$ 再送入分类器，判定其类别的置信度为

$$u_c(x) = \frac{1}{L} \sum_{i=1}^{L} p_i(x) \tag{4-13}$$

### 2. 核函数的选择方法以及参数的选择方法

因为不同的核函数会对分类效果带来较大的差异，不适当的函数形式或者参数甚至有可能达不到分类的效果。单独对核函数进行评价，通过测算映射后数据的类内聚集和类间离散程度评估可分性的好坏[26]，这种方法独立于具体的分类算法，也不考虑最后的泛化能力，因而适用性较强。本章采用高斯核函数进行改进旋转森林算法，并关注于参数的选择问题。

这里对参数的优化选用特征类距作为参考指标[27]。数据映射后在特征空间中的夹角为

$$\cos\langle \Theta_{i,j} \rangle = \frac{K(x_i, x_j)}{\sqrt{K(x_i, x_i) \cdot K(x_j, x_j)}}, \quad 0 \leqslant \Theta_{i,j} \leqslant \pi/2 \tag{4-14}$$

用 $D_{i,j}$ 来表示两个向量之间的距离，表示为

$$D_{i,j} = \sqrt{K(x_i, x_i) + K(x_j, x_j) - 2K(x_i, x_j)} \tag{4-15}$$

将选择的核函数代入式(4-14)和式(4-15)，可得

$$\begin{aligned} \cos\langle \Theta_{i,j} \rangle &= \frac{\exp(-\delta \|x_i - x_j\|^2)}{\sqrt{\exp(-\delta \|x_i - x_i\|^2) \cdot \exp(-\delta \|x_j - x_j\|^2)}} \\ &= \exp(-\delta \|x_i - x_j\|^2) \end{aligned} \tag{4-16}$$

其中夹角满足：

$$\Theta_{i,j} \in [0, \pi/2] \tag{4-17}$$

同理可得出：

$$D_{i,j} = \sqrt{2 - 2\exp(-\delta\|x_i - x_j\|^2)} \tag{4-18}$$

从上述表达式可得，仅有一个参数在影响类间距和夹角，从而影响特征空间的分布情况，进一步影响旋转森林算法的分类效果。

当参数 $\delta$ 的值趋于 0 时，可以得出其夹角的余弦值趋于 1，也即意味着映射后的两向量夹角值趋于 0；并且通过计算向量距离可知，向量的距离也趋于 0，这意味着所有的样本被映射到一点上了，这样根本无法对样本进行分类。当参数 $\delta$ 的值趋于无穷大时，两向量夹角趋于 $\pi/2$，样本的距离趋于一个常数，这说明样本集被映射到一个 $n$ 维的特征空间中，且可以发现特征向量是两两正交。所以特征空间的维数随着 $\delta$ 的增大而单调增大，一直增加到 $n$（$n$ 是样本空间样本的个数）；并且特征空间各向量之间的夹角以及距离也是单调增加的，分别趋于 $\pi/2$ 和 $\sqrt{2}$。

给定一个包含 $L$ 个样本 $C$ 个类别的训练集 $X$，即

$$X = \bigcup_{i=1}^{C} x_i, \quad L = \bigcup_{i=1}^{C} l_i \tag{4-19}$$

其中，$l_i$ 表示类别为 $i$ 的样本的个数。计算样本映射后在特征空间中的平均值：

$$\begin{aligned} m_1 &= \frac{1}{l_1} \sum_{i=1}^{l_1} \Phi(x_i^1) \\ m_2 &= \frac{1}{l_2} \sum_{i=1}^{l_2} \Phi(x_i^2) \end{aligned} \tag{4-20}$$

则在映射后的空间中类间平均距离的表达式为

$$\begin{aligned} D(C_1, C_2) &= \|m_1 - m_2\|^2 = \frac{1}{l_1^2} \sum_{i=1}^{l_1} \sum_{j=1}^{l_1} \exp(-\delta\|x_i^1 - x_j^2\|^2) \\ &+ \frac{1}{l_2^2} \sum_{i=1}^{l_2} \sum_{j=1}^{l_2} \exp(-\delta\|x_i^1 - x_j^2\|^2) - \frac{2}{l_1 l_2} \sum_{i=1}^{l_1} \sum_{j=1}^{l_2} \exp(-\delta\|x_i^1 - x_j^2\|^2) \end{aligned} \tag{4-21}$$

在核空间中类间余弦值为

$$\cos\langle \Theta_{C_1,C_2} \rangle = \frac{1}{l_1 l_2} \sum_{i=1}^{l_1} \sum_{j=1}^{l_2} \exp(-\delta\|x_i^1 - x_j^2\|^2) \tag{4-22}$$

在核空间中类内余弦值为

$$\cos\langle \Theta_{C_1,C_1} \rangle = \frac{1}{l_1^2} \sum_{i=1}^{l_1} \sum_{j=1}^{l_1} \exp(-\delta\|x_i^1 - x_j^1\|^2)$$

$$\cos\langle\Theta_{C_2,C_2}\rangle = \frac{1}{l_2^2}\sum_{i=1}^{l_2}\sum_{j=1}^{l_2}\exp(-\delta\parallel x_i^2 - x_j^2\parallel^2) \tag{4-23}$$

综合式(4-21)~式(4-23)可得

$$D(C_1,C_2) = \cos\langle\Theta_{C_1,C_1}\rangle + \cos\langle\Theta_{C_2,C_2}\rangle - 2\cos\langle\Theta_{C_1,C_2}\rangle \tag{4-24}$$

通过上述表达式可知，类间距可以表述为类间角和类内角的运算结果。当类内角大、类间角小时，类间距较大；反之则类间距较小。而根据式(4-16)可知，类间角和类内角均随着 $\delta$ 的增大而增大，所以可能存在一个参数值，使得类间距最大。

## 4.4　实验与结果分析

本实验主要选择高斯径向基核函数对样本进行变换，对比指标主要有分类精度、集成度等。通过对核函数唯一的参数 $\delta$ 进行优化[28]，使之获得较好的分类性能。

本实验选定 Breast(乳腺癌)、CNS(神经系统肿瘤组织)、ALL-AML(急性淋巴细胞性白血病，简写为 ALL)、Colon(结肠癌)、SRBCT(小圆蓝细胞瘤)以及 Lung(肺癌)六个数据集作为实验对象，数据来源均可以从公开的站点下载，其下载网址为：http://datam.i2r.a-star.edu.sg/datasets/krbd/。由于原始数据集的维数过高，不利于直接进行数据分类，所以先利用 ReliefF 算法[29]进行一定程度的降维处理。ReliefF 算法是一种带有特征权重的选择方法，这里对数据集随机抽样 30 次，特征阈值设为 0.95，得出预处理后的数据集。按照上述方法通过实验的手段取得各数据集的最佳参数如图4-4所示，$\delta$ 的取值范围为 $\delta = \{10^{-6}, 10^{-4}, \cdots, 10^6\}$。

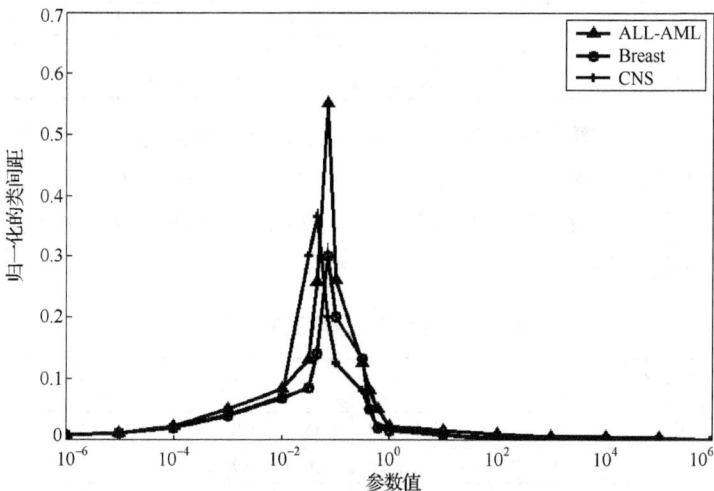

图 4-4　参数值与类间距的关系

图 4-4 表示三组数据各自的参数值与其归一化的类间距之间的关系,均采用 30 次实验的平均值。可以看出,在可观测到的范围内$[10^{-6},10^6]$,存在着唯一的极大值点,分别是 0.9,0.9,0.8。则认为对于这三组数据集,最优的参数值分别为$\delta_1 = \delta_2 = 0.9, \delta_3 = 0.8$。

本部分主要通过与 Bagging 算法[30]、随机森林算法以及原始的旋转森林算法进行比较实验和分析,依次验证改进后的旋转森林算法的有效性。所有算法的基分类器都采用 C4.5 决策树[31],主要控制的变量有集成度 $N$ 和抽取的样本个数 $M$,每次均做到控制单一量的变化,分别取最好的结果进行对比试验。实验统计量为 F 检验,样本方差为 $S$,样本均值为 $\overline{X}$。

(1)高斯径向基核主成分分析旋转森林(KPCA-RoF)特征集分割数实验。

表 4-1 中表示各个数据集的分类精度与分割数之间的关系。在基于决策树的集成数不变的情况下(集成度为 30),不断地改变各特征集的分割数后所得到的结果。保证基分类器的数目足够多,这样就可以使得每个实验数据集充分集成。从实验结果得到,在特征集分割数大于 10 时,分割数的改变对于提高旋转森林的分类精度不会带来很大的改变,这跟原始的旋转森林实验的结果类似。所以在后续的实验中,没必要再去增加特征集的分割数,保持在 5~10 的任何一个值即可,这里选择 $N=9$。

表 4-1　分类精度与特征集分割数之间的关系

| 分割数<br>数据集 | 1 | 3 | 5 | 7 | 9 | 10 | 15 | 20 | 25 | 30 |
|---|---|---|---|---|---|---|---|---|---|---|
| Breast | 0.5362 | 0.6454 | 0.8135 | 0.8233 | 0.8577 | 0.8576 | 0.8579 | 0.8581 | 0.8577 | 0.8578 |
| CNS | 0.6028 | 0.7588 | 0.7896 | 0.8183 | 0.8339 | 0.8342 | 0.8345 | 0.8343 | 0.8345 | 0.8342 |
| ALL | 0.5082 | 0.6879 | 0.7956 | 0.8256 | 0.8216 | 0.8261 | 0.8259 | 0.8254 | 0.8256 | 0.8253 |
| Colon | 0.6875 | 0.7187 | 0.7813 | 0.8437 | 0.8753 | 0.8763 | 0.8761 | 0.8766 | 0.8771 | 0.8764 |
| SRBCT | 0.5079 | 0.5556 | 0.6439 | 0.7302 | 0.8413 | 0.8435 | 0.8436 | 0.8464 | 0.8456 | 0.84764 |
| Lung | 0.7919 | 0.8121 | 0.8523 | 0.8792 | 0.9128 | 0.9193 | 0.9161 | 0.9187 | 0.9176 | 0.9159 |

表 4-2 中展示了随着集成度的上升,各数据集分类精度的变化。从结果可以得到,随着集成度的上升,各数据集大约在集成度为 15 时获得较好的精度,之后就几乎稳定下来。分别在每一个数据集上选用几种集成算法,实验变量为集成度,验证不同的集成算法所带来的分类效果。

表 4-2　分类精度与集成度之间的关系

| 数据集 | 集成度<br>算法 | 3 | 7 | 10 | 15 | 20 | 25 | 30 | 35 | 40 |
|---|---|---|---|---|---|---|---|---|---|---|
| Breast | KPCA-RoF | 0.6454 | 0.7233 | 0.8524 | 0.8576 | 0.8575 | 0.8577 | 0.8577 | 0.8576 | 0.8577 |
| | RoF | 0.5921 | 0.6751 | 0.7532 | 0.7689 | 0.7672 | 0.8119 | 0.8154 | 0.8156 | 0.8163 |
| | RF | 0.5827 | 0.6524 | 0.6856 | 0.7265 | 0.7471 | 0.7521 | 0.7537 | 0.7635 | 0.7613 |
| | Bagging | 0.5612 | 0.6653 | 0.6748 | 0.7167 | 0.7425 | 0.7350 | 0.7432 | 0.7498 | 0.7429 |

续表

| 数据集 | 集成度 算法 | 3 | 7 | 10 | 15 | 20 | 25 | 30 | 35 | 40 |
|---|---|---|---|---|---|---|---|---|---|---|
| CNS | KPCA-RoF | 0.6788 | 0.7783 | 0.8742 | 0.8745 | 0.8743 | 0.8755 | 0.8739 | 0.8735 | 0.8741 |
| | RoF | 0.5823 | 0.6459 | 0.7864 | 0.7998 | 0.8046 | 0.8076 | 0.8154 | 0.8158 | 0.8164 |
| | RF | 0.5299 | 0.6348 | 0.6654 | 0.7012 | 0.7257 | 0.7659 | 0.7861 | 0.7935 | 0.7956 |
| | Bagging | 0.4769 | 0.5413 | 0.6557 | 0.7068 | 0.7163 | 0.7118 | 0.7341 | 0.7323 | 0.7312 |
| ALL | KPCA-RoF | 0.5674 | 0.6358 | 0.7618 | 0.8416 | 0.8505 | 0.8517 | 0.8516 | 0.8516 | 0.8516 |
| | RoF | 0.5465 | 0.5616 | 0.7386 | 0.7937 | 0.8157 | 0.8162 | 0.8169 | 0.8156 | 0.8160 |
| | RF | 0.5412 | 0.5652 | 0.6891 | 0.7390 | 0.7693 | 0.7971 | 0.8065 | 0.8068 | 0.8071 |
| | Bagging | 0.5498 | 0.5616 | 0.6256 | 0.6689 | 0.7006 | 0.7112 | 0.7133 | 0.7135 | 0.7133 |
| Colon | KPCA-RoF | 0.7143 | 0.8247 | 0.8759 | 0.9091 | 0.9093 | 0.9035 | 0.8963 | 0.8986 | 0.9090 |
| | RoF | 0.6339 | 0.7382 | 0.8095 | 0.8571 | 0.8557 | 0.8512 | 0.8486 | 0.8471 | 0.8457 |
| | RF | 0.6429 | 0.7147 | 0.7593 | 0.7854 | 0.7868 | 0.7884 | 0.7835 | 0.7791 | 0.7818 |
| | Bagging | 0.5238 | 0.5735 | 0.6465 | 0.6858 | 0.6867 | 0.6889 | 0.6896 | 0.6863 | 0.6832 |
| SRBCT | KPCA-RoF | 0.6035 | 0.7243 | 0.8127 | 0.8444 | 0.8496 | 0.8484 | 0.8455 | 0.8407 | 0.8435 |
| | RoF | 0.5873 | 0.6825 | 0.7907 | 0.8205 | 0.8274 | 0.8245 | 0.8228 | 0.8165 | 0.8153 |
| | RF | 0.5641 | 0.6713 | 0.7264 | 0.7409 | 0.7425 | 0.7476 | 0.7446 | 0.7425 | 0.7408 |
| | Bagging | 0.4486 | 0.5614 | 0.6429 | 0.6767 | 0.6782 | 0.6786 | 0.6772 | 0.6718 | 0.6746 |
| Lung | KPCA-RoF | 0.8574 | 0.8994 | 0.9248 | 0.9305 | 0.9340 | 0.9360 | 0.9349 | 0.9281 | 0.9247 |
| | RoF | 0.8255 | 0.8725 | 0.9060 | 0.9195 | 0.9195 | 0.9128 | 0.9106 | 0.8993 | 0.8859 |
| | RF | 0.7505 | 0.8067 | 0.8434 | 0.8718 | 0.8735 | 0.8768 | 0.8727 | 0.8693 | 0.8674 |
| | Bagging | 0.5538 | 0.6191 | 0.6497 | 0.6597 | 0.6686 | 0.6738 | 0.6746 | 0.6787 | 0.6810 |

图 4-5～图 4-10 分别展示了各数据集在不同分类算法下的分类精度。对比结果可以发现，随着集成度的上升，各分类算法的精度都会有所上升。总体来讲，Bagging 决策树的分类精度最差，随机森林(RF)稍好，旋转森林(RoF)更好一些，经过高斯径向基核函数改进的 KPCA-RoF 效果总是最好的。Bagging 决策树仅仅是对决策树的集成，所以不会对算法带来明显的提升，随机森林增加了对特征空间的随机分割，基分类器间存在一定的差异性。从上述实验结果可以看出，旋转森林和 RBF-RoF 都会取得良好的实验效果，这是由于这两种算法对特征空间进行分割和变换。对比改进前后的旋转森林，改进后的分类精度会有所提升；同时，改进后的旋转森林在比较小的集成度时就可以取得很好的精度，这说明进行非线性变换相比线性变换会带来更好的可分性，同时非线性变换会增加很多的计算量，但算法的复杂度同属于 $O(n^3)$，$n$ 为数据集的样本个数，所以复杂度影响并不明显。相对于精度的提高，可以忽略[32]。

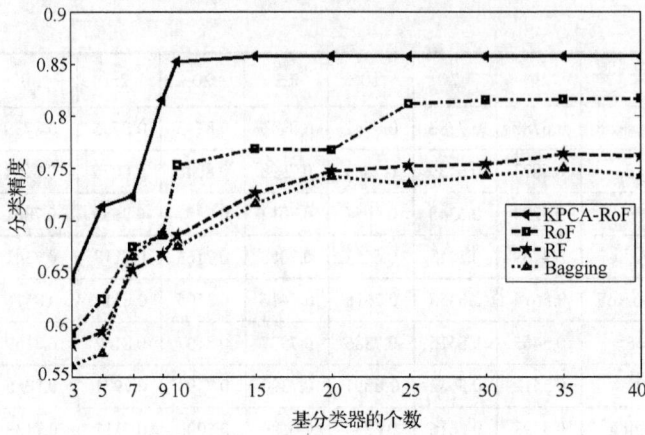

图 4-5　Breast 数据集的分类精度

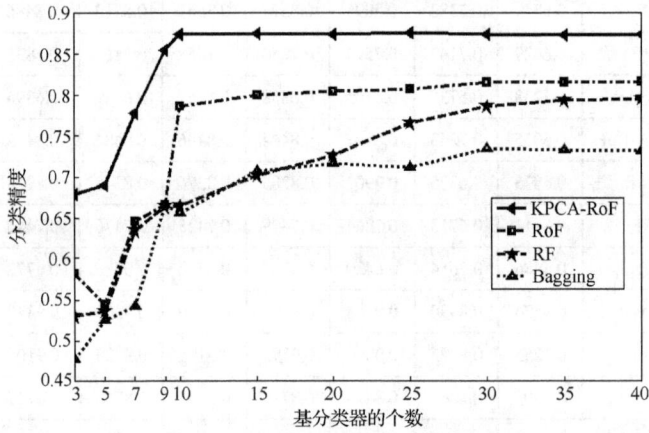

图 4-6　CNS 数据集的分类精度

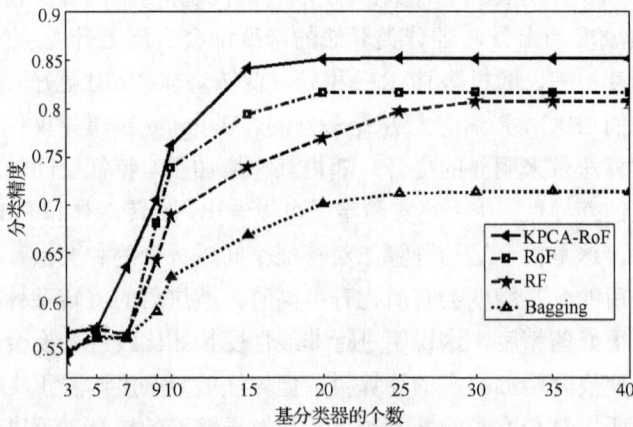

图 4-7　ALL 数据集的分类精度

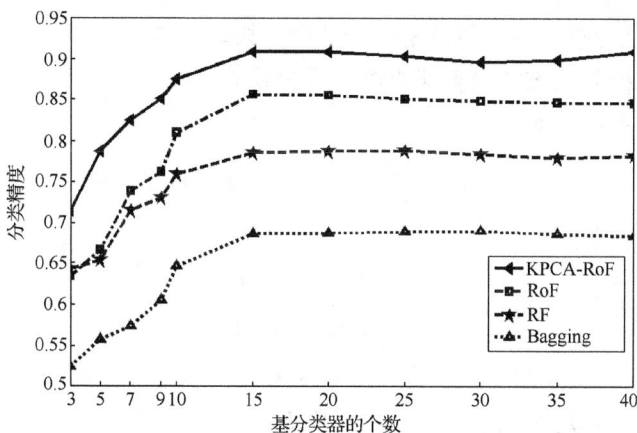

图 4-8　Colon 数据集的分类精度

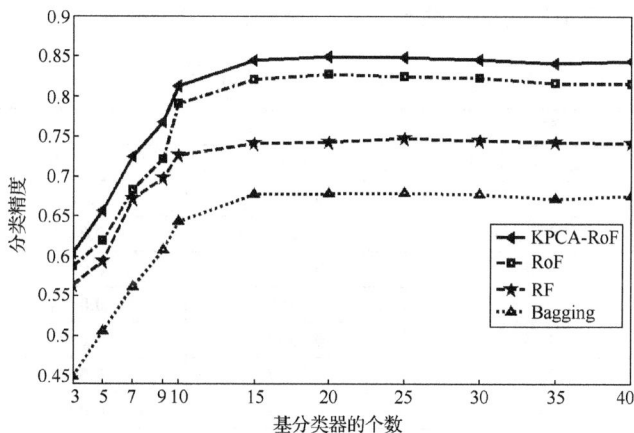

图 4-9　SRBCT 数据集的分类精度

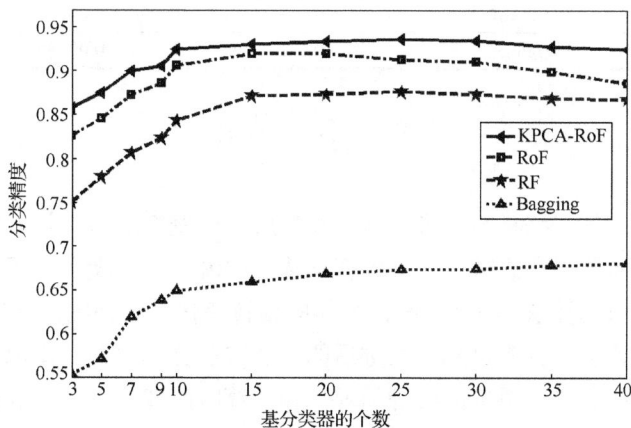

图 4-10　Lung 数据集的分类精度

(2)下面通过对改进后的算法进行统计学分析，以说明比原始算法存在显著性差别。这里利用 F 检验的方法来验证改进前后的显著性。

求解实验结果样本的方差 $S^2$：

$$S^2 = \sum (X - \bar{X})^2 / (n-1) \tag{4-25}$$

进一步求得 $F$ 值：

$$F = \frac{n_1 S_1^2 / (n_1 - 1)}{n_2 S_2^2 / (n_2 - 1)} \tag{4-26}$$

其中，一般取参数 $\alpha = 0.05$，与 $F$ 分布表中所查到的值进行比对，如果前者大于后者，则认为本组算法之间是彼此显著的，否则就认为差别不大。

表 4-3 中列举了几个常用的统计量，样本均值 $\bar{X}$，方差 $S^2$ 以及显著性 $F$。从计算结果可以得到，在各个数据集上表现显著性有效。

**表 4-3　算法改进前后的统计量分析**

| 数据集 | 算法 | $\bar{X}$ | $S^2$ | $F$ |
|---|---|---|---|---|
| Breast | KPCA-RoF | 0.8087 | 0.0059 | 4.51 |
| | RoF | 0.7092 | 0.0266 | |
| CNS | KPCA-RoF | 0.7975 | 0.0153 | 2.2 |
| | RoF | 0.7523 | 0.0337 | |
| ALL | KPCA-RoF | 0.7787 | 0.0134 | 3.65 |
| | RoF | 0.7302 | 0.0489 | |
| Colon | KPCA-RoF | 0.8617 | 0.0040 | 1.65 |
| | RF | 0.7923 | 0.0066 | |
| SRBCT | KPCA-RoF | 0.7852 | 0.0076 | 1.81 |
| | RF | 0.7010 | 0.0042 | |
| Lung | KPCA-RoF | 0.9136 | 0.0007 | 2.71 |
| | Bagging | 0.6426 | 0.0019 | |

# 4.5　小　　结

通过特征集分割、采样与变换，再重新生成一个变换矩阵，是旋转森林的重要特点。借助核支持向量机的思想以及旋转森林算法的流程，实现了基于高斯径向基核主成分分析的旋转森林算法。与利用线性变换的旋转森林算法相比，分类精度得到提高。并通过对其他统计量的分析可知，改进后的算法方差更小，并且比原始算法更显著。尽管改进后的算法会带来更多的资源消耗，如计算时间和内存，但是在计算成本越来越低的现今社会，这不应该成为一种瓶颈。

# 参 考 文 献

[1]　陆慧娟. 基于基因表达数据的肿瘤分类算法研究[D]. 徐州: 中国矿业大学, 2012.

[2]　刘亚卿, 陆慧娟, 杜帮俊, 等. 面向基因数据分类的旋转森林算法研究[J]. 中国计量学院学报, 2015, 26(2): 227-231.

[3]　毛莎莎, 熊霖, 焦李成, 等. 利用旋转森林变换的异构多分类器集成算法[J]. 西安电子科技大学学报(自然科学版), 2014, 41(5): 48-53.

[4]　Mousavi R, Eftekhari M, Haghighi M G. A new approach to human microRNA target prediction using ensemble pruning and rotation forest[J]. Journal of Bioinformatics and Computational Biology, 2015, 13(6): 1-23.

[5]　Wong L, You Z H, Ming Z, et al. Detection of interactions between proteins through rotation forest and local phase quantization descriptors[J]. International Journal of Molecular Sciences, 2015, 17(1): 21.

[6]　李勇, 刘战东, 张海军. 不平衡数据的集成分类算法综述[J]. 计算机应用研究, 2014, 31(5): 1287-1291.

[7]　Hayden E C. Cancer-gene data sharing boosted[J]. Nature, 2014, 510(7): 198.

[8]　Jha A, Chauhan R, Mehra M, et al. miR-BAG: Bagging based identification of microRNA precursors[J]. Plos one, 2012, 7(9): e45782.

[9]　Liao S W, Chen Y. An improved adaboost algorithm[J]. Modern Technologies in Materials, Mechanics and Intelligent Systems, 2014, 1049: 1703-1706.

[10]　Guelman L, Guillen M, Perez-Marin A M. Uplift random forests[J]. Cybernetics and Systems, 2015, 46(3-4): 230-248.

[11]　Borja A, Manuel G. Hybrid extreme rotation forest [J]. Neural Networks, 2014, 52: 32-42.

[12]　高敬阳. 神经网络集成 Boosting 类算法研究[D]. 北京: 北京化工大学, 2012.

[13]　Yevgeny S, Francois L, Bianchi C, et al. PAC-Bayesian inequalities for martingales[J]. IEEE Transactions on Information Theory, 2012, 58(12): 7086-7093.

[14]　曹莹, 苗启广, 刘家辰, 等. Adaboost 算法研究进展与展望[J]. 自动化学报, 2013, 39(6): 745-758.

[15]　贾润莹, 李静, 王刚, 等. 基于 Adaboost 和遗传算法的硬盘故障预测模型优化及选择[C]// 全国信息存储技术会议, 2014.

[16]　蒋芸, 陈娜, 明利特, 等. 基于 Bagging 的概率神经网络集成分类算法[J]. 计算机科学, 2013, 40(5): 242-246.

[17] 王爱平, 万国伟, 程志全, 等. 支持在线学习的增量式极端随机森林分类器[J]. 软件学报, 2011, 22(9): 2059-2074.

[18] 曹正凤. 随机森林算法优化研究[D]. 北京: 首都经济贸易大学, 2014.

[19] Kassel A, Kenyon R, Wu W. Random two-component spanning forests[J]. Annales De L Institut Henri Poincaré Probabilités Et Statistiques, 2015, 51(4): 1457-1464.

[20] Su C, Ju S G, Liu Y G, et al. Improving random forest and rotation forest for highly imbalanced datasets[J]. Intelligent Data Analysis, 2015, 19(6): 1409-1432.

[21] 邵良杉, 马寒. 基于旋转森林的分类器集成算法研究[J]. 计算机工程与应用, 2015, 51(23): 149-154.

[22] Mathias M, Adankon M C. Encyclopedia of Biometrics[M]. New York: Springer, 2015: 1504-1511.

[23] Lu H J, Du B J, Liu J Y, et al. A kernel extreme learning machine algorithm based on improved particle swam optimization[J]. Memetic Computing, 2016: 1-8.

[24] 渐令. 基于核的学习算法与应用[D]. 大连: 大连理工大学, 2012.

[25] Li Z, Kruger U, Xie L, et al. Adaptive KPCA modeling of nonlinear systems[J]. IEEE Transactions on Signal Processing, 2015, 63(9): 2364-2376.

[26] 宋小衫, 蒋晓瑜, 罗建华, 等. 基于类间距的径向基函数——支持向量机核参数评价方法分析[J]. 兵工学报, 2012, 33(2): 203-208.

[27] 汪廷华, 陈峻婷. 核函数的度量研究进展[J]. 计算机应用研究, 2011, 28(1): 1.

[28] 邱潇钰. 核函数的参数选择[D]. 济南: 山东师范大学, 2008.

[29] 陈晓琳, 姬波, 叶阳东. 一种基于 ReliefF 特征加权的 R-NIC 算法[J]. 计算机工程, 2015, 41(4): 161-165.

[30] 李雅芹, 杨慧中. 一种基于 Bagging 算法的高斯过程集成建模方法[J]. 东南大学学报, 2011, 41(S1): 93-96.

[31] 孟杨, 侯飞飞. 基于 C4.5 的节点关联挖掘[J]. 通讯世界, 2016, (10): 131-132.

[32] Lu H J, Meng Y Q, Yan K, et al. Kernel principal component analysis based on rotation forest for gene expression data classification[C]//Proceedings of the International conference on Extreme Learning Machines(ELM2016), Singapore, 2016.

# 第 5 章　基于改进 PSO 的 KELM 的基因表达数据分类

## 5.1　引　言

传统的基于梯度下降的神经网络算法(如 BP 神经网络)已经被广泛应用于多层前馈神经网络的训练中,但是该网络存在学习速度慢、容易陷入局部极小和过训练现象[1]。针对这些问题,Huang 等在 2006 年提出了一种新型前馈神经网络 ELM,ELM 具有结构简单、训练速度快、参数调整少等特点[2]。

ELM 是基于经验风险最小化原则,这在特定情形下如样本数目是有限时,从统计学的角度看是不合理的,因此 Deng 等通过引入结构最小化原则和正则项,提出了正则超限学习机(Regular Extreme Learning Machine,RELM)[3]。2012 年,Huang 等通过对比 ELM 与支持向量机的建模和求解过程,提出了核超限学习机(Kernel Extreme Learning Machine,KELM)[4]。KELM 在 ELM 基础上引入核矩阵,通过一个核函数将数据从低维空间映射到高维空间中,使得在低维空间中线性不可分的数据变得线性可分,在提高学习精度的同时增加算法的鲁棒性,KELM 的分类、拟合能力优于相关的 SVM 算法和非核的 ELM 算法。然而,KELM 输入层权重和隐含层偏置(内权)仍是随机生成的,分类性能不稳定;另外,KELM 中还存在核函数的参数选择问题,核函数参数需要经过合理选择,才能获得最优解。与 ELM 相比,KELM 具有更好的鲁棒性,在样本线性不可分时性能更佳,并且解决回归预测问题的能力更强[5]。

1995 年,Meng 等提出 PSO 算法[6,7],该方法是基于群体演化的随机全局优化的一种智能优化算法,其中心思想是对鸟群或鱼群合作捕食行为的研究。在优化复杂函数时,PSO 算法的搜索精度不能达到要求,且易陷入局部最优的状况,到搜索后期经常会出现振荡情况。

2009 年,Lei 等[8]提出了基于混沌序列的 PSO 算法,通过引入混沌序列增加了算法的全局搜索能力。2012 年,Han 等[9]提出了用 PSO 算法[7,10]对 ELM 进行优化,通过优化 ELM 的输入层权值及隐层偏差,得到一个最优的网络。2015 年,Yang 等[11]提出基于 Tent 混沌序列的 PSO 算法,在增强全局搜索能力的基础上有效地避免了算法的盲目性,增强算法收敛速度。本章提出一种新的自适应混沌粒子群优化超限学习机(Adaptive Chaotic Particle Swarm Optimization Extreme

Learning Machine，ACPSO-ELM）分类器算法。在该算法中，首先通过 ELM 对给定的数据进行初始化，产生一组输入权值和隐层偏置，再通过 ACPSO（Adaptive Chaotic Particle Swarm Optimization）算法寻找最优输入权值和隐层偏置，最后将得到的结果代入 ELM 中训练。

在文献[12]中，Han 等提出了用改进的 PSO 算法[13,14]对 ELM 进行优化，通过优化 ELM 的输入层权值及隐层偏差，得到一个最优的网络。

APSO（Active operators Particle Swarm Optimization）[15]也是对 PSO 的最新改进，它不仅能够有效抑制局部最优解的产生，而且能够加快最优解的搜索速度。在本章 5.4 节中，通过分析带惯性因子 APSO 的原理，针对 KELM 存在的问题，提出一种改进的核超限学习机算法，即 APSO-KELM。在该算法中，首先把 KELM 初始化产生的一组输入权值和隐层偏置（内权）作为粒子代入 APSO 进行寻优；然后把得到的最优输入权值和隐层偏置代入 KELM 进行训练和测试，同时用 APSO 对 KELM 中的核参数进行优化选择，以获得最优解。

## 5.2　　基本粒子群算法

PSO 算法是基于群体演化的随机全局优化的一种智能优化算法，在 PSO 算法中每个个体称为一个"粒子"，每个粒子代表一个问题的潜在解。假设在一个存有 $N$ 个粒子的 $D$ 维空间中，在第 $k$ 次迭代时粒子的属性分别由位置向量 $x_i^k = [x_{i1}^k, x_{i2}^k, \cdots, x_{id}^k]$、速度向量 $v_i^k = [v_{i1}^k, v_{i2}^k, \cdots, v_{id}^k]$ 表示。其中，速度的范围限定在 $[-v_{\max,d}, v_{\max,d}]$ 内，第 $i$ 个粒子的速度与位置更新公式如下：

$$v_{id}^{k+1} = v_{id}^k + c_1 r_1 (\text{pbest}_{id}^k - x_{id}^k) + c_2 r_2 (\text{gbest}_{id}^k - x_{id}^k) \tag{5-1}$$

$$x_{id}^{k+1} = x_{id}^k + v_{id}^{k+1} (i = 1, 2, \cdots, n; d = 1, 3, \cdots, D) \tag{5-2}$$

## 5.3　　自适应混沌粒子群算法对超限学习机参数的优化作用

### 5.3.1　　自适应惯性权重与适应度方差

虽然粒子群算法可以很快地收敛到较好的解，但是在处理多峰函数问题时容易出现早熟收敛的问题，为增加粒子跳出局部极值的能力，本节在速度更新时加入惯性系数 $\omega$，变化后的公式如下：

$$v_{id}^{k+1} = \omega v_{id}^k + c_1 r_1 (\text{pbest}_{id}^k - x_{id}^k) + c_2 r_2 (\text{gbest}_{id}^k - x_{id}^k) \tag{5-3}$$

$$\omega = (\omega_{\max} - \omega_{\min}) \times \exp\left(-\left(\tau \times \frac{k}{K_{\max}}\right)^2\right) + \omega_{\min} \tag{5-4}$$

式中，$\omega_{\max}$、$\omega_{\min}$ 分别为最大、最小惯性系数，$K_{\max}$ 为最大迭代次数，$\tau$ 为经验值，一般在[20,55]内取值。惯性系数一般在初期较大，随着算法迭代次数的增加逐渐减少。通过改变惯性系数的大小，达到不同的搜索效果。随着惯性系数由大到小的变化，算法的性能也在发生改变，由初期的搜索能力较强到后期局部发觉能力的提高。

设 $f_i$ 为粒子群中第 $i$ 个粒子的当前适应度值，$f_{avg}$ 为粒子群当前状态下的平均适应度值，$\sigma^2$ 为粒子群的群体适应度方差，适应度方差的公式定义如下：

$$\sigma^2 = \frac{1}{N} \sum_{i=1}^{N} ((f_i - f_{avg}) / f)^2 \tag{5-5}$$

$$f = \max[1, \max | f_i - f_{avg} |]$$

式中，$\sigma^2$ 反映了粒子群的聚集程度，$\sigma^2$ 越小，说明群体越趋于收敛。

### 5.3.2　混沌序列

混沌是一种无规则的运动状态，遵循确定性规则，其潜在规则是非线性，并且表现出持续的不规则性。它能够使非线性系统在不添加任何随机因子的状态下产生随机性的混沌运动，可以在一定区域内遍历粒子的每一个状态，并且每个状态只访问一次。混沌序列的这些性质使得基于混沌序列的 PSO 算法能够有效地避免陷入局部最优解状态，获得全局最优解。本章使用的混沌方程是 Logistic 方程，表达式为

$$Z_{i+1} = \mu Z_i (1 - Z_i), \quad \mu \in (2,4) \tag{5-6}$$

式中，$i = 1,2,\cdots,N$，$Z_i \in (0,1)$ 为实数序列，$\mu$ 为控制参量，当 $\mu = 4$ 时，系统处于完全混沌状态。

### 5.3.3　算法分析与描述

在 PSO 算法中，当算法运行到后期时，一些粒子的个体最优位置（pbest）接近群体最优位置（gbest），此时，粒子的运行速度受限，逐渐变小。随着算法的运行，其他的一些粒子慢慢聚集到这些速度接近零的粒子周围，导致算法过早地收敛到局部最优点。因此，为使粒子跳出局部最优点，通过使用混沌序列帮助这些粒子逃出局部最优点并快速地获得全局最优解。

当算法出现早熟收敛的状况时，位置按如下公式更新：

$$x(t+1) = x(t) + Z_{i+1} \times (x_{\max} - x(t)) \tag{5-7}$$

式中，$x_{\max}$ 为最大位置变量。

改进后的自适应粒子群优化算法步骤如下。

(1)给定训练与测试数据集，在训练前，对数据进行归一化处理。

(2)建立基于 ACPSO 的超限学习机神经网络拓扑结构，设置隐层神经元数目，选中激活函数。

(3)产生种群，设置粒子数 $N$，每个粒子设置为[-1,1]范围内的随机数向量，设置神经元个数及隐层节点数。

(4)初始化 ACPSO 的速度与位置变量，设置种群的 pbest、gbest。

(5)计算每个粒子的适应度值，先计算网络实际输出，再求期望输出值与实际输出值的均方误差，即得到粒子的适应度值。

(6)根据式(5-2)、式(5-3)更新自适应粒子群的位置和速度。

(7)计算种群适应度方差，根据方差值判断算法是否收敛，若收敛则转步骤(9)，否则转步骤(8)。

(8)根据式(5-6)、式(5-7)进行混沌搜索，用搜索到的点随机取代粒子群中的一个粒子，然后转步骤(5)。

(9)判断是否达到最大迭代次数，若达到，则停止迭代；否则转步骤(4)，继续迭代。

### 5.3.4　实验与结果分析

本节为得到分类精度高、泛化性能好和高鲁棒性的分类模型，提出了 ACPSO-ELM 算法，该算法结合 ACPSO 算法的高稳定与 ELM 算法分类速度快、精度高的特点，通过实验对算法性能进行验证。本章从 UCI 标准分类数据集中选择 Breast、Heart、Colon 三种基因数据集进行实验，实验由 MATLAB 编程实现。每个数据集信息如表 5-1 所示。

表 5-1　数据集信息表

| 数据集 | 样本总数 | 基因总数 | 特征维数 | 类别数量 |
| --- | --- | --- | --- | --- |
| Breast | 768 | 19800 | 8 | 2 |
| Heart | 270 | 3510 | 13 | 2 |
| Colon | 84 | 2710 | 70 | 2 |

为验证 ACPSO-ELM 算法的高效性，本章分别用 ELM、DPSO-ELM、PSO-ELM、ACPSO-ELM 在 Breast、Heart、Colon 三种基因数据集采用 10 次 5 折交叉验证，即将每个基因数据集分成 5 份，选取其中 4 份作为训练数据集，1 份作为测试数据集，进行实验，取 10 次结果精度的平均值作为算法的精度。本节所

用实验粒子群的参数设置为 $N=20$, $K_{max}=50$, $\omega_{max}=0.95$, $\omega_{min}=0.4$, 在 ACPSO 算法中, $c_1=c_2=1.5$。为进一步比较算法的性能, 图 5-1～图 5-3 给出了不同算法在三种基因数据集上的测试精度对比。

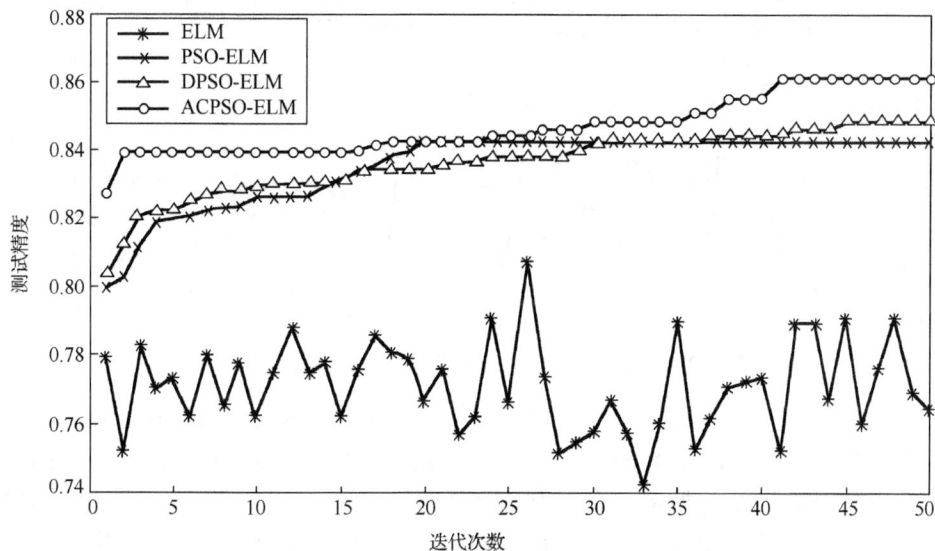

图 5-1 Breast 数据集上几种算法的测试精度对比图

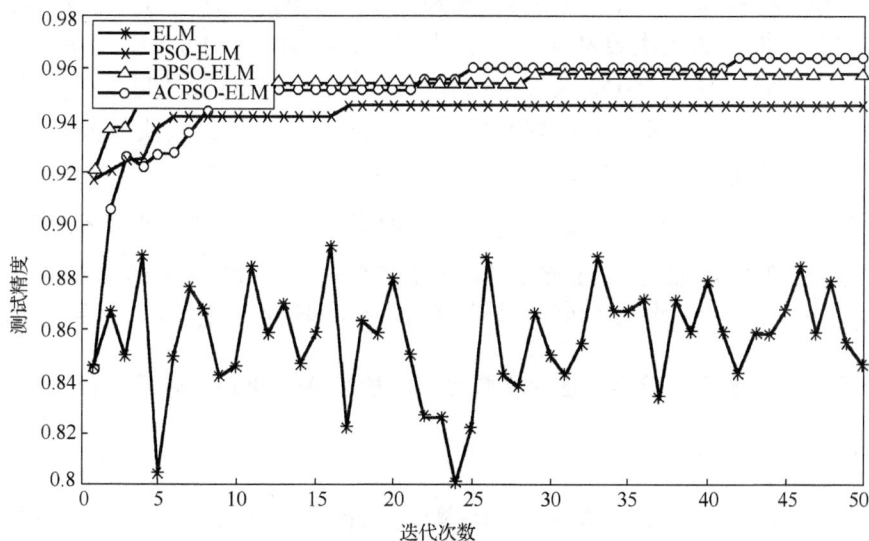

图 5-2 Colon 数据集上几种算法的测试精度对比图

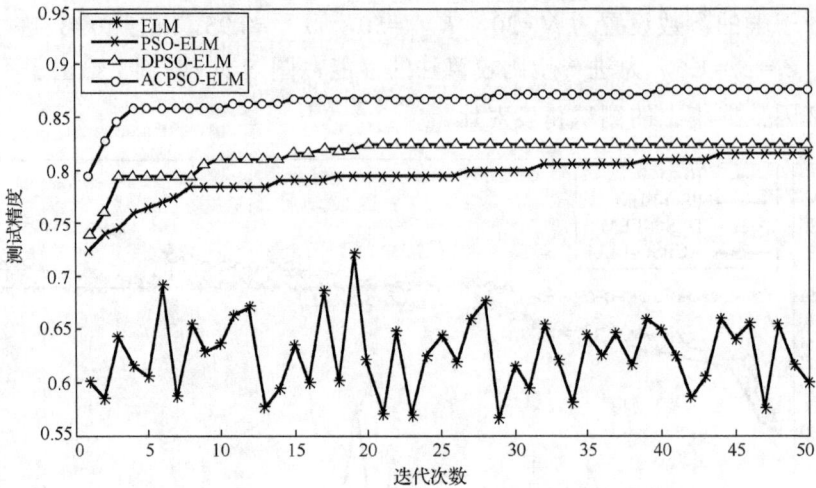

图 5-3　　Heart 数据集上几种算法的测试精度对比图

由图 5-1～图 5-3 可以看出，ELM 的分类结果随着迭代的增加存在较大的振荡性，实验结果不稳定；加入 PSO 算法对 ELM 的参数优化后，实验结果不再随迭代次数的增加而大幅度的振荡，说明 PSO 算法能够有效地提高 ELM 算法的稳定性。同时，由图 5-1～图 5-3 可知，ELM 的分类精度也得到了显著的提高，突出了参数优化的重要性。比较 PSO-ELM 和 DPSO-ELM 以及 ACPSO-ELM 三种算法的分类结果表明，ACPSO-ELM 算法相较于其他两种算法具有更好的分类精度以及稳定性。

本实验中最大迭代次数设置为 50，由表 5-2 可知，ACPSO-ELM 在运行时间上高于其他算法。比较 PSO、ACPSO 算法可知，由于 PSO 算法每次迭代过程中粒子群的数量不变，假设第 $i$ 次迭代时粒子群的数量为 $N_i$，迭代次数为 $K_{max}$，则每次迭代粒子群数量为 $N_1 = N_2 = \cdots = N_{K_{max}}$，设每个粒子一次迭代运行时间为 $T_p$，则 PSO 算法运行总时间为 $T_p \times K_{max} \times N_i$。对于 ACPSO 算法，由于每次迭代过程中，粒子群通过适应度值不断更新，粒子数随着迭代的增加而逐渐减少，所以 $N_1 \geqslant N_2 \geqslant \cdots \geqslant N_{K_{max}}$，设每个粒子每次迭代运行时间为 $T_a$，则总运行时间为 $\sum_{i=1}^{K_{max}} N_i \times T_a$。由于本次实验设定迭代次数为 50，所以 ACPSO-ELM 算法相较于其他算法运行时间较长。

表 5-2　　四种算法的运行时间比较　　　　　　　　（单位：s）

| 算法<br>数据集 | ELM | PSO-ELM | DPSO-ELM | ACPSO-ELM |
|---|---|---|---|---|
| Breast | 0.92 | 2.53 | 26.48 | 33.58 |
| Heart | 0.36 | 1.25 | 3.28 | 4.5 |
| Colon | 0.56 | 0.90 | 2.01 | 2.65 |

综上所述，ACPSO-ELM 无论在分类精度还是在稳定性、收敛性上都优于 ELM，同时对比于 PSO-ELM 和 DPSO-ELM 算法，ACPSO-ELM 是一种十分可靠、高效的分类算法。

# 5.4　基于改进 PSO 的核超限学习机算法

## 5.4.1　KELM

传统的基于神经网络的学习算法多采用基于最小化训练误差的经验风险最小化原则的方法。采用输入输出数据近似一个非线性函数，但这种方法通常需要较多的训练样本、较长的学习时间，而且会导致学习模型的过拟合。文献[16]～文献[18]分别采用 KELM 研究液压泵特性参数的在线预测、行为识别、航空航天的损伤定位检测。

ELM 由于无需反复调整隐层参数，将传统单隐层前馈神经网络参数训练问题转化为求解线性代数问题，利用求得的最小范数最小二乘解作为网络输出权值，整个训练过程一次完成。因此，训练速度较传统方法得到极大的提高，且泛化性能更好。与传统的学习算法不同，针对输入输出数据，ELM 的目标是同时最小化训练误差和输出权重的范数，可表示为

$$\begin{cases} \min \sum \left\| \beta \cdot h(x_i) - t_i^2 \right\| \\ \min \left\| \beta \right\| \end{cases} \tag{5-8}$$

式中，$\beta$ 是连接隐含节点的权重向量，$h(x_i)$ 称为隐层核映射，$t_i$ 为已标记样本数。

从标准优化理论的观点看，上述的优化问题可采用简化的约束优化问题求解，则上述目标可重新改写为

$$\min L_p = \frac{1}{2} \left\| \beta \right\|^2 + \frac{1}{2} C \sum_{i=1}^{N} \xi_i^2 \tag{5-9}$$
$$\text{s.t. } h(x)\beta = t_i - \xi_i, \quad i = 1, 2, \cdots, N$$

式中，$\xi_i$ 为训练误差，$C$ 为惩罚参数，$N$ 为样本数。

基于 KKT(Karush-Kuhn-Tucker)理论，ELM 的训练等价于解决如下的对偶优化问题：

$$L_{\text{PELM}} = \frac{1}{2} \left\| \beta \right\|^2 + \frac{1}{2} C \sum_{i=1}^{N} \xi_i^2 - \sum_{i=1}^{N} \alpha_i (h(x_i)\beta - t_i + \xi_i) \tag{5-10}$$

式中，每个拉格朗日算子 $\alpha_i$ 均对应于第 $i$ 样本。可得到如下的 KKT 优化条件：

$$\frac{\partial L_{\text{PELM}}}{\partial \beta} = 0 \Rightarrow \beta = \sum_{i=1}^{N} \alpha_i (h(x_i))^{\text{T}} = H^{\text{T}} \alpha$$

$$\frac{\partial L_{\text{PELM}}}{\partial \xi_i} = 0 \Rightarrow \alpha_i \xi_i = 0, \quad i = 1, 2, \cdots, N \tag{5-11}$$

$$\frac{\partial L_{\text{PELM}}}{\partial \alpha_i} = 0 \Rightarrow h(x_i)\beta - t_i + \xi_i = 0, \quad i = 1, 2, \cdots, N$$

式中，$\alpha = [\alpha_i, \cdots, \alpha_N]^{\text{T}}$，$H$ 为隐层输出矩阵。

针对小训练样本，上述公式可等价地写为

$$\left( \frac{I}{C} + HH^T \right) \alpha = T \tag{5-12}$$

计算得 ELM 的输出权值为

$$\beta = \left( \frac{I}{C} + HH^T \right)^{-1} H^T T \tag{5-13}$$

应用 Mercer's 条件定义 KELM 的核矩阵为

$$\Omega_N = H_N H_N^{\text{T}} : \Omega_{N_{i,j}} = h(x_i)h(x_j) = K(x_i, x_j) \tag{5-14}$$

式中，$i, j \in (1, 2, \cdots, N)$，$K(x_i, x_j)$ 为核函数，是核矩阵 $\Omega_N$ 位于第 $i$ 行、第 $j$ 列的元素。

通常选择 RBF 核函数为 KELM 预测模型的核函数，其表达式为

$$K(x, y) = \exp(-\gamma \|x - y\|^2), \quad \gamma > 0 \tag{5-15}$$

式中，$\gamma$ 为核参数。

故可得 KELM 模型的实际输出为

$$f(x_p) = \begin{bmatrix} K(x_p, x_1) \\ \vdots \\ K(x_p, x_N) \end{bmatrix}^{\text{T}} \alpha_N \tag{5-16}$$

$$\alpha_N = \left( \frac{I_N}{C} + \Omega_N \right)^{-1} T_N \tag{5-17}$$

式中，$\alpha_N$ 为 KELM 网络的输出权值。

## 5.4.2 算法简介

本章针对 PSO 算法在处理多峰函数问题时容易出现早熟收敛的问题，提出一种新的带活跃算子的 PSO 算法，进而提高 PSO 算法的搜索性能。

APSO 算法的基本思想为：设第 $k$ 代的粒子 $i$ 的位置不仅追随 $p_i^k$ 和 $p_g^k$，而且

还追随第 3 个在第 $k$ 代中采用本章复合型方法搜索得到目标点 $pa_i^k$，称该目标点 $pa_i^k$ 为活跃目标点。现有 PSO 加变异操作的一般做法大都是当 PSO 进化到一定代数时，令粒子本身位置发生变异或 $p_i^k$ / $p_g^k$ 发生变异，这些做法仅仅是将遗传算法的变异机制与标准 PSO 算法结合，相当于构成混合算法。

1）对 APSO 算法进行改进一

改进 PSO 速度更新公式，使 PSO 算法本身具有变异特性[19]。

2004 年 He 等[20]提出 PSOPC（Particle Swarm Optimizer with Passive Congregation），2005 年 Xu 和 Xin[17]提出 EPSO（Extended Particle Swarm Optimizer），都是在 PSO 速度和位置公式引入第 3 个目标点，比传统的 PSO 迭代得到更好的效果，APSO 是比 PSOPC 和 EPSO 更好的改进。

在 APSO 中第 $i$ 个粒子的位置和速度更新公式为

$$v_i^{k+1} = v_i^k + c_1 r_1 (p_i^k - x_{id}^k) + c_2 r_2 (p_g^k - x_{id}^k) + c_3 r_3 (pa_i^k - x_{id}^k) \tag{5-18}$$

式中，$c_1$、$c_2$、$c_3$ 为学习因子，$r_1$、$r_2$、$r_3$ 是[0,1]区间内均匀分布的随机数，$pa_i^k$ 为活跃算子目标点。

给出一种简化的方法求活跃算子目标点 $pa_i^k$ 的位置，概括如下。

（1）在 $x_{id}^k$ 领域范围内随机搜索一点作为试用活跃目标点 $pa_i^k$，公式如下：

$$pa_i^k = x_{id}^k + r_4 x_{max} \tag{5-19}$$

式中，$r_4$ 是[-0.1,0.1]之间的随机数，$x_{max}$ 是最大可行域范围。

（2）在试用目标点 $pa_i^k$、粒子 $i$ 历史最好点 $p_i^k$ 和种群粒子最好点 $p_g^k$ 构成的复合型 3 点中选出最坏点 $x^H$，公式如下：

$$x^H : f(x^H) = \max\{f(pa_i^k), f(p_i^k), f(p_g^k)\} \tag{5-20}$$

再求其他两点的中点 $x^C$，公式如下：

$$x^C = \frac{p_i^k + p_g^k}{2} \tag{5-21}$$

（3）进行最坏点映射，求得映射点 $x^R$，公式如下：

$$x^R = x^C + \alpha(x^C - x^H) \tag{5-22}$$

式中，$\alpha$ 为映射系数，一般取 $\alpha = 1.3 \sim 0.5$ 递减。

将该映射点 $x^R$ 作为活跃目标点 $pa_i^k$ 的位置，即 $pa_i^k = x^R$。

2）对 APSO 算法进行改进二

采用带惯性因子的 APSO 算法，使算法具有全局搜索能力。

1998 年 Shi 和 Eberhart[21]提出一种带惯性因子的 PSO 算法，针对粒子在搜索后期缺乏局部搜索能力，在 APSO 算法速度更新公式上引入惯性因子 $\omega$，改进后第 $i$ 个粒子速度更新公式如下：

$$v_i^{k+1} = \omega v_i^k + c_1 r_1 (p_i^k - x_{id}^k) + c_2 r_2 (p_g^k - x_{id}^k) + c_3 r_3 (pa_i^k - x_{id}^k) \tag{5-23}$$

式中，惯性因子 $\omega$ 代表粒子搜索范围，较大的 $\omega$ 令 APSO 算法具有较强的全局搜索能力，$\omega$ 较小则更倾向于局部搜索，标准 APSO 算法中 $\omega=1$，因此缺乏局部搜索能力。本章的做法是将 $\omega$ 初始设置为 0.9，可以在开始能搜索较大区域，较快定位最优解大致位置；然后随着迭代次数增加线性递减至 0.4，粒子速度减慢，再精确搜索局部区域。

### 5.4.3　算法分析与描述

APSO-KELM 算法的目的是得到分类精度更高、泛化能力更好的模型。APSO-KELM 算法结合了 APSO 算法的智能参数优化避免早熟收敛和 KELM 的稳定、高效等特点，各个算法的优缺点如表 5-3 所示。

表 5-3　各种算法的优缺点介绍

| 算法 | 优点 | 缺点 |
| --- | --- | --- |
| ELM | 简单、速度快 | 泛化性能差 |
| KELM | 稳定、泛化性能好 | 参数未优化 |
| PSO | 简单有效、鲁棒性好 | 易早熟收敛 |
| APSO | 性能提高、避免早熟收敛 | 计算复杂 |
| PSO-ELM | 优化参数性能提高、速度快 | 易早熟收敛 |
| APSO-ELM | 避免早熟收敛 | 不稳定、泛化性能差 |
| PSO-KELM | 稳定、泛化性能提升 | 易早熟收敛 |
| APSO-KELM | 稳定、泛化性能好、避免早熟收敛 | 计算复杂 |

根据以上分析，APSO-KELM 具体算法流程[22]可描述如下（图 5-4）。

(1)给定训练与测试数据集，在训练前，对数据集进行归一化处理。

(2)建立 APSO-KELM 神经网络拓扑结构（图 5-5），所示设置隐层神经元数目、选择激活函数。

(3)产生种群，设定粒子数 $z$，产生 $z$ 个范围在[-1,1]的随机数向量作为粒子的个体，每个个体有 $D=N(n+1)$ 个元素，$N$ 为隐层节点数，$n$ 为输入层神经元个数。

(4)初始化 APSO 算法的速度、惯性权重、加速度因子以及最大迭代次数等。

(5)计算每个粒子适应度值。根据式 (5-15)、式 (5-16) 和式 (5-17) 计算得到数据集的实际输出，并求出期望输出与实际输出的均方根误差，即得到每个粒子的适应度，找到每个粒子的个体极值和种群的群体极值。

(6)根据 APSO 算法的速度和位置的更新公式更新粒子的速度和位置。

(7)判断是否达到最大迭代次数或者最小误差，若达到，则停止迭代；否则，转到步骤(5)，继续迭代。

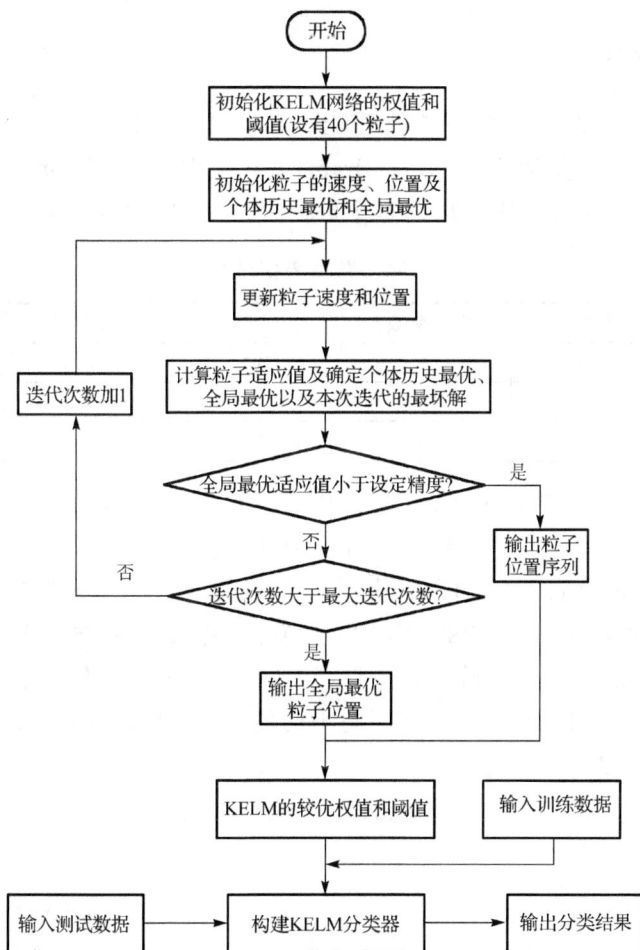

图 5-4　APSO-KELM 算法流程图

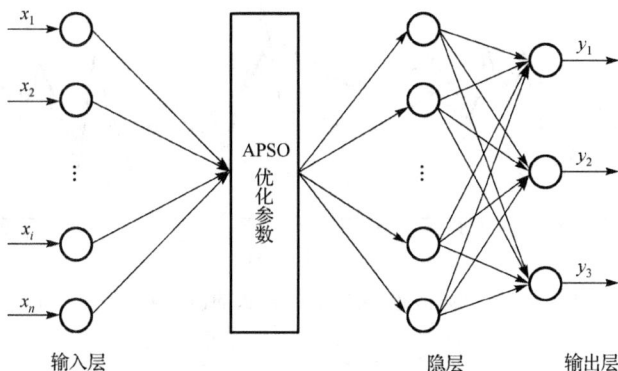

图 5-5　APSO-KELM 神经网络拓扑结构图

### 5.4.4　实验与结果分析

为了评估 APSO-KELM 算法的性能，本节对其进行了实验分析与仿真，从 UCI 标准分类中数据集选择 Breast、Brain（脑癌数据集）、Colon 三个基因数据集进行实验训练与测试，其中选用的每个数据集信息如表 5-4 所示。

表 5-4　数据集信息表

| 数据集 | 样本总数 | 训练集数 | 测试集数 | 特征维数 | 类别数量 |
|---|---|---|---|---|---|
| Breast | 768 | 576 | 182 | 8 | 2 |
| Brain | 105 | 90 | 15 | 8 | 5 |
| Colon | 84 | 62 | 22 | 70 | 2 |

本实验是在 Core i7-4790 CPU 3.6GHz，16GB 内存的硬件环境下，在操作系统为 Windows7 环境下，实验通过 MATLAB 编程实现。

为了验证 APSO-KELM 算法高效性，分别采用 ELM、KELM、PSO-ELM、APSO-ELM、PSO-KELM、APSO-KELM 几个算法在 3 个数据集上进行 10 次 5 折交叉验证。将数据集分成 5 份，轮流将其中 4 份作为训练数据集，1 份作为测试数据集，进行实验。取 10 次结果精度的平均值作为算法的精度，对应的精度图分别见图 5-6～图 5-9。

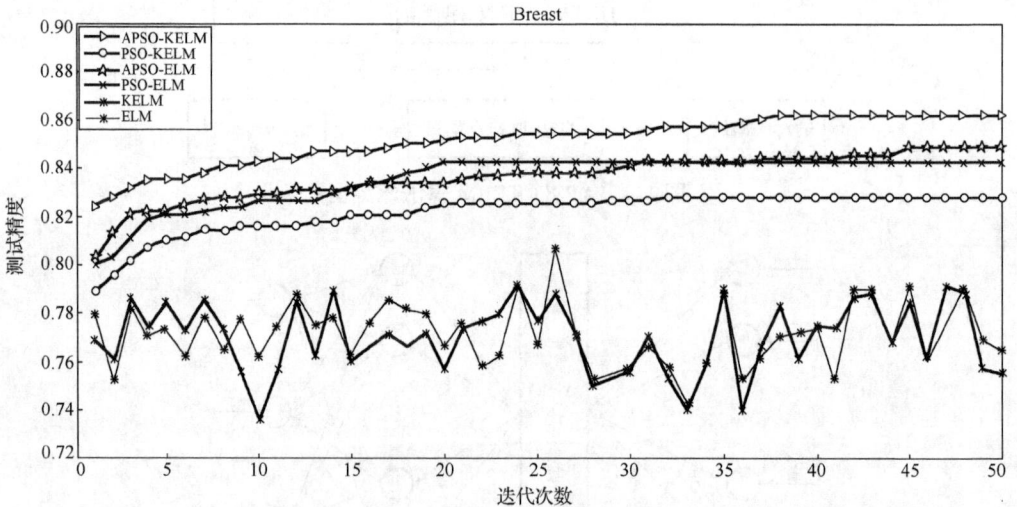

图 5-6　Breast 数据集上几种算法的测试精度对比图

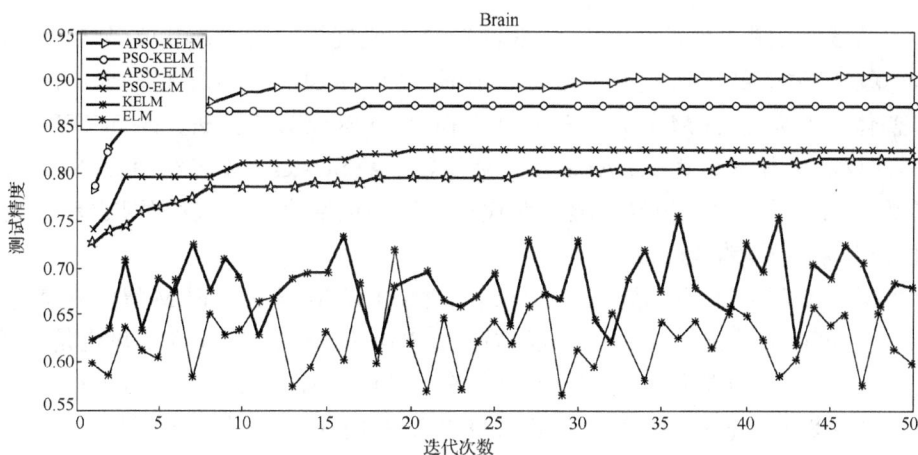

图 5-7　Brain 数据集上几种算法的测试精度对比图

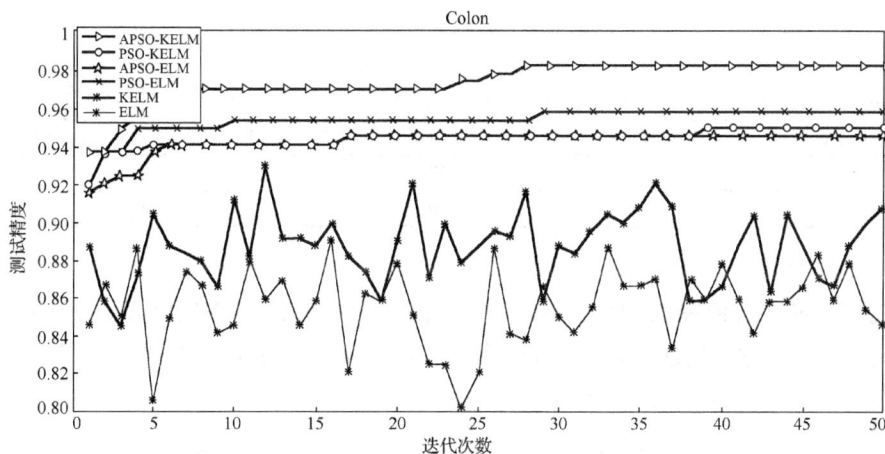

图 5-8　Colon 数据集上几种算法的测试精度对比图

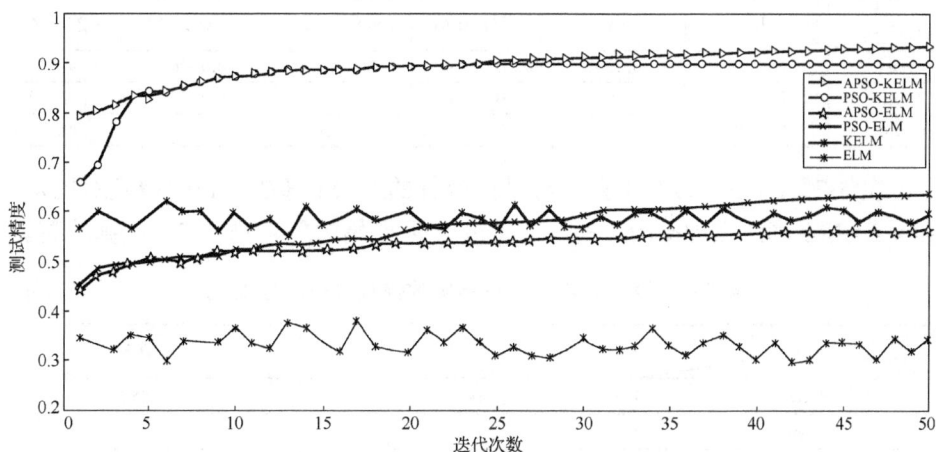

图 5-9　在非基因数据集几种算法的测试进度对比图

由图 5-6~图 5-8 可知，ELM 算法简单、速度快，随着迭代次数增加，采用 ELM 算法产生的结果一直上下波动，不易收敛。KELM 在 ELM 基础上引入核函数，整体上效果比 ELM 好，但是同样不稳定。PSO-ELM 算法、PSO-KELM 算法用 PSO 算法进行参数优化；APSO-ELM 算法、APSO-KELM 算法用 APSO 算法进行参数优化，不再上下波动，随着迭代次数增加逐渐进入收敛；而 PSO 算法在参数优化时容易导致早熟收敛。

由图 5-9 可知，ELM 算法分类效果非常差，KELM 算法比 ELM 算法分类精度提高明显，APSO 算法优化效果不是很明显，APSO-KELM 算法的分类精度也是最好的。

由表 5-5，不同算法运行时间比较可知，APSO-KELM 算法运行的时间最长，这是因为 APSO-KELM 算法分别在 PSO 算法和 ELM 算法上引入活跃算子和核函数，计算复杂性增加，因此这也是 APSO-KELM 算法的缺点。

表 5-5　四种不同算法的时间比较　　　　　　　　（单位：s）

| 算法<br>数据集 | PSO-ELM | APSO-ELM | PSO-KELM | APSO-KELM |
|---|---|---|---|---|
| Breast | 3.15 | 8.43 | 18.08 | 34.07 |
| Brain | 1.26 | 1.57 | 1.48 | 2.58 |
| Colon | 1.13 | 1.50 | 1.42 | 2.15 |

注：迭代 50 次。

由表 5-6，六种算法的均方差对比可知，ELM 算法、KELM 算法最不稳定，均方差最高，经过 PSO 算法或 APSO 算法进行参数优化后，均方差明显下降，稳定性提高，APSO-KELM 算法也相对稳定。

表 5-6　APSO-KELM 与其他算法的均方差比较

| 算法<br>数据集 | ELM | KELM | PSO-ELM | PSO-KELM | APSO-ELM | APSO-KELM |
|---|---|---|---|---|---|---|
| Breast | 0.0133 | 0.0142 | 0.0109 | 0.0087 | 0.0096 | 0.0098 |
| Brain | 0.0347 | 0.042 | 0.0169 | 0.0134 | 0.0194 | 0.0214 |
| Colon | 0.0208 | 0.0189 | 0.0065 | 0.0049 | 0.0065 | 0.0106 |

由表 5-7，APSO-KELM 算法与目前流行的 SVM 算法得到的精度对比可知，APSO- KLEM 算法在 Breast、Brain、Colon 数据集的精度都比 SVM 算法高。

表 5-7　两种分类算法在不同数据集分类精度对比　　　　　（单位：%）

| 算法<br>数据集 | SVM | APSO-KELM |
|---|---|---|
| Breast | 84.6 | 85.5 |
| Brain | 87.3 | 94 |
| Colon | 91.9 | 93.5 |

综上所述，APSO-KELM 算法分别针对 ELM 算法的不稳定和 PSO 算法的早熟收敛，在此基础上分别加以改进，无论在分类精度还是在稳定性、收敛性都优于其他算法，说明 APSO-KELM 算法是一种十分可靠有效的分类算法。

# 5.5　小　　结

本章针对 ELM 算法分类精度低、分类不稳定等情况，提出了 ACPSO-ELM 算法，通过 ACPSO 算法对 ELM 算法内权参数进行优化，在不同数据集上，与已有算法 PSO-ELM，DPSO-ELM 比较可知，ACPSO-ELM 算法具有更高的分类精度以及更好的稳定性，由于本实验迭代次数设置较小，因此算法的分类速度相较其他算法较慢。

针对 KELM 算法内权随机赋值问题，本章提出了改进的 ELM 算法 APSO-KELM，用 APSO 算法对内权参数进行优化。与已有类似算法在不同数据集上进行分类对比实验，表明提出的方法具有更好的分类性能，在基因数据分类等领域有较好的应用前景，值得进一步深入研究。

## 参 考 文 献

[1]　Kong Y, Lu H J, Xue Y, et al. Terminal neural computing: Finite-time convergence and its applications[J]. Neurocomputing, 2016, 217(12): 133-141.

[2]　Huang G B, Zhu Q Y, Chee-Kheong S. Extreme learning machine: Theory and applications[J]. Neurocomputing, 2006, 70(1): 489-501.

[3]　Deng W Y, Zheng Q H, Lin C, et al. Research on extreme learning of neural networks [J]. Chinese Journal of Computers, 2010, 33(2): 279-287.

[4]　Huang G B, Zhou H M, Ding X J, et al. Extreme learning machine for regression and multiclass classification[J]. IEEE Transactions on Systems, Man, and Cybernetics-Part B: Cybernetics, 2012, 42(2): 513-529.

[5]　Lu H J, An C L, Zheng E H, et al.Dissimilarity based ensemble of extreme learning machine for tumor data classification[J]. Neurocomputing, 2014, 128(5): 22-30.

[6]　Meng A B, Li Zh,Yin H, et al. Accelerating particle swarm optimization using crisscross search[J]. Information Sciences, 2016, 329(C): 52-72.

[7]　Delgarm N, Sajadi B, Kowsary F, et al. Multi-objective optimization of the building energy performance: A simulation-based approach by means of particle swarm optimization (PSO)[J]. Applied Energy, 2016, 170(15): 293-303.

[8]　Lei X J, Sun J J, Maq Z. Multiple sequence alignment based on chaotic PSO[J]. Computational Intelligence and Intelligent Systems, 2009, 117(2-3): 351-360.

[9]　Han F, Yao H F, Ling Q H. An improved extreme learning machine based on particle swarm optimization[J]. Bio-Inspired Computing and Applications Lecture Notes in Computer Science, 2011, 116: 699-704.

[10]　Cheng Z, Wang E G, Tang Y X, et al. Real-time path planning strategy for UAV based on improved particle swarm optimization[J]. Journal of Computers, 2014, 9(1): 209-214.

[11]　Yang J M, Ma M M, Che H J, et al. Multi-objective adaptive chaotic particle swarm optimization algorithm[J].Kongzhi yu Juece/Control and Decision, 2015, 30(12):2168-2174.

[12]　Han F, Yao H F, Ling Q H.An Improved Extreme Learning Machine Based on Particle Swarm Optimization[M]. Berlin: Springer, 2011.

[13]　Lin E, Dong Y, Song J, et al. A modified particle swarm optimization algorithm[J]. Journal of Computers, 2008, 9(9): 531-534.

[14]　Moustafa N, Elhosseini M, Taha T H, et al. Fragmented protein sequence alignment using two-layer particle swarm optimization (FTLPSO)[J]. Journal of King Saud University-Science, 2017, 29: 191-205.

[15]　Zhang Y, Hu Q, Teng H.Active target particle swarm optimization[J]. Concurrency & Computation Practice & Experience, 2008, 20(1): 29-40.

[16]　Deng W Y, Zheng Q H, Wang Z M. Cross-person activity recognition using reduced kernel extreme learning machine[J]. Neural Networks the Official Journal of the International Neural Network Society, 2014, 53(5): 1-7.

[17]　Xu J J, Xin Z H. An extended particle swarm optimizer[C]//IEEE International Parallel & Distributed Processing Symposium, 2005.

[18]　Fu H, Vong C M, Wong P K, et al. Fast detection of impact location using kernel extreme learning machine[J]. Neural Computing & Applications, 2014: 1-10.

[19]　Lu H J, Du B J, Liu J Y, et al. A kernel extreme learning machine algorithm based on improved particle swam optimization[J]. Memetic Computing, 2016: 1-8.

[20]　He S, Wu Q H, Wen J Y, et al. A particle swarm optimizer with passive congregation[J]. Biosystems, 2004, 78(78): 135-147.

[21]　Shi Y, Eberhart R C. A modified particle swarm optimizer[C]//IEEE International Conference on Evolutionary Computation Proceedings, 1998.

[22]　Lu X G, Lin Y P, Luo J W, et al. Classification algorithm combined GCM with CCM in cancer recognition[J]. Institute of Software, 2010, 21(11): 2838-2851.

# 第6章 基于输出不一致测度的
# ELM 集成基因表达数据分类

## 6.1 引　言

由于集成学习在提高系统泛化能力等方面有着显著的优势，所以对集成学习理论和算法的研究一直都是机器学习领域中的一个热点[1]。机器学习界的权威学者 Dietterich[2]曾在 *AI Magazine* 杂志上将集成学习放在了机器学习领域中最重要的位置[3]。Bayesian Averaging[4]是机器学习领域中最早的集成学习方法。在这以后，集成学习才逐渐被人们所关注。1990 年，Schapire[5]提出了 Boosting 算法。不过，这个算法有一个比较大的缺陷，就是要知道该学习算法正确率的下限，然而这在实际中却是不可能做到的。Freund 和 Schapire[6]在 1995 年通过进一步研究，提出了 Adaboost 算法，这个改进的算法不必事先知道正确率的下限，就可以非常容易地在实际问题中进行应用。1996 年，Breiman[7]进一步提出了 Bagging 算法，该算法使得集成学习得到更快的发展。

目前常见的用于生成基分类器的方法有两类：一类是将不同类型的学习算法应用到同一个数据集上，另一类是将同一学习算法应用于不同的训练集上[8]。这两类分别称为异质类型(heterogeneous)和同质类型(homogeneous)。在集成学习的研究初期，一般的思想都是先生成多个基分类器，然后把它们全部进行集成，虽然集成的效果要比单个分类器的效果要好，但仍然还存在着一些问题，如学习速度的下降和存储空间的占用。因此，如何使用更少、更有效的基分类器成为人们研究的重点。

2002 年，Zhou 等[9]第一次提出了"选择性集成"的概念，对以上的问题，提供了一个解决策略，并在国内外引起了强烈的反响。经过理论的证明和实验的验证，从最初的基分类器中剔除作用不大或者是预测精度差的，将剩下的进行集成。选择性集成的一个重要的特点就是在选择的过程中不会生成新的基分类器，所以可以有效地提高学习的速度，并且占用相对少的空间。目前选择性集成也已经提出了很多有效且成熟的算法。

2006 年，Huang 等[10]提出了一种新的单隐层前馈神经网络算法，即 ELM。理论上可提供良好的泛化能力和极快的学习速度，然而 ELM 也存在固有缺陷。

研究表明,虽然 ELM 在大部分情况下可以获得良好的性能,但隐含层初始参数(连接权值、偏置值、节点个数)对 ELM 的分类精度仍存在很大影响,不恰当的参数会导致比较差的分类结果,并且单个 ELM 的学习性能具有不稳定性。2006 年,Huang 等[11]提出增量极限学习机(Incremental Extreme Learning Machine,I-ELM),逐一增加隐层的节点,且在加入节点时当前隐层节点输出权值保持不变。为了提高收敛率,2007 年,Huang 和 Chen[12]提出了凸增量极限学习机(Convex I-ELM,CI-ELM),CI-ELM 在加入新节点后,根据凸规划方法重新计算节点的输出权值。2008 年,Huang 和 Chen[13]又提出了强化的增量极限学习机(Enhance I-ELM,EI-ELM),EI-ELM 能产生更紧凑的网络结构,收敛率更高,学习速度更快。2009 年,Feng 等[14]提出了一种误差最小的极限学习机(Error Minimized ELM,EM-ELM),EM-ELM 可以逐个或逐组增加隐层节点。与 I-ELM 不同的是,当新节点加入后,EM-ELM 的输出权值要重新计算。

在 ELM 集成方面,Lan 等[15]提出了在线连续极限学习机集成算法(Ensemble of Online Sequential ELM,EOS-ELM),它比在线极限学习机(Online Sequential Extreme Learning Machine,OS-ELM)要更加稳定且精度也更高,并且提高了分类器泛化性能。2011 年,Cao 等[16]提出了 V-ELM 的方法。V-ELM 利用 $k$ 个简单的 ELM 得到输出结果,再通过集成方法求每个样本的后验概率,接下来根据后验概率计算样本类别。这种方法有效地解决了单个 ELM 学习的不稳定性,并且由于采用集成的方法,提高了 ELM 的泛化性能。

同时,ELM 的分类应用范围越来越广,Huang 等[17]用于分类优化,Chen 等[18]用于彩色图像分类,Zheng 等[19]用于文档分类,但是 ELM 相异性集成算法用于基因表达数据的分类尚无人涉及。

本章借助选择性集成的思想利用多个 ELM 进行分类器集成,提出了一种基于输出不一致测度下的极限学习机相异性集成算法(Dissimilarity ensemble based on Disagreement measure ELM,D-D-ELM)[20,21]。该算法运用到 Breast(乳腺癌)、Leukemia(白血病)、Colon(结肠癌)三个肿瘤数据集以及 Heart(心脏病)非肿瘤数据集上,并从理论和实验上给予验证。实验结果表明相异性集成能以更少的分类器个数达到更高的分类精度。

## 6.2　相异性集成

相异性集成是集成系统中一个非常重要的研究课题。为了使得集成有实际意义,所使用的 ELM 之间必须有一定的差异性,否则 ELM 之间就会没有任何区别,只是徒增实验花费的时间和空间复杂度而已。因此在设计多个 ELM 集成系统时,通常设计出泛化能力强、相异性大的单个 ELM，因为这是构建 ELM 集成系统的关键问题。但是，用什么样的标准去衡量 ELM 之间的相异度，相异度大小对实际系统的影响效果如何，仍然是一个未解决的问题[22]。

然而，在现实生活中，不可能设计出各方面条件都满足的完美 ELM，只能期待从某个角度出发，能得到更好的效果。正如对某个样本来说，如果有一个 ELM 的判别结果是错误的，而其他的 ELM 的判别结果是正确的，那么通过相异性集成，虽然增加了集成的复杂度，但仍然有很大的概率能够得到正确的结果。而如果使用的 ELM 不具备相异性，则一旦结果判别错误，那就意味着最终对该样本的判别是错误的。由此可见相异性集成的重要性。

## 6.3　常见的相异性度量方法

在建立集成系统时，一种有效的相异性度量方式起着重要的指导作用。目前已经提出了各种各样的相异性度量方法来定性、定量地评价 ELM 之间的相异性。以下介绍的方法主要是基于 ELM 间的输出标签来衡量相异性的。设样本的总数为 $M$，集成系统中 ELM 的个数为 $N$，第 $i$ 个 ELM 对第 $j$ 个样本的输出为 $f_{ij}$。

### 6.3.1　输出不一致测度

输出不一致测度主要是直接基于 ELM 的输出结果，并对其相异性进行估计的[23]。对 ELM 分类器 $f_n$ 和 $f_m$，设其输出结果分别为 0,1。用 $\mathrm{Dif}(f_{nk}, f_{mk})$ 表示两个 ELM 输出的差异，当这两个 ELM 对第 $k$ 个样本的输出相同时，$\mathrm{Dif}(f_{nk}, f_{mk}) = 0$，否则等于 1[24]。这个测度与 ELM 输出结果的差异成正比，此测度可由式(6-1)进行计算。

$$\mathrm{Diversit}_{n,m} = \sum_{k=1}^{N} \mathrm{Dif}(f_{nk}, f_{mk}) \tag{6-1}$$

式中，$\mathrm{Diversit}_{n,m}$ 与 ELM $f_n$ 和 $f_m$ 之间的相异度成正比。

### 6.3.2　错误一致测度

错误一致测度的基本思想是要发现两个 ELM 同时判断错误的情况。如果两个 ELM 同时都判断错误，那么必然会得到错误的结果，但是如果一个判断正确，另一个判断错误，那还有可能得到正确的结果，因此可见这个测度的有效性[25]。用 $\mathrm{Err}(f_{nk}, f_{mk})$ 表示两个 ELM 错误一致，若设当 ELM $f_n$ 和 $f_m$ 对第 $k$ 个样本的输出结果 $f_{nk}$ 和 $f_{mk}$ 同时错误时[26]，$\mathrm{Err}(f_{nk}, f_{mk})$ 的值为 1，其余情况为 0，则这个错误一致测度的计算方法为

$$\text{Diverit}_{n,m} = \sum_{k=1}^{N} \text{Err}(f_{nk}, f_{mk}) \tag{6-2}$$

式中，$\text{Diverit}_{n,m}$ 与 ELM $f_n$ 和 $f_m$ 之间的相异度成反比。

以上两种测度均是基于 ELM 输出结果的相异性来衡量的。为了更好地评价集成系统的相异性，需要考虑各个 ELM 的输出结果，通过多数投票或者是求平均值来求得最终的判断结果。

除了以上这两种测度所代表的基于输出结果的测度外，还可以从整体考虑，有很多学者在此方面已做出了很大的贡献，能够从整体上直接对分类器进行相异性的评价，如困难度测度[27]、Kohav-Wolpert 变量[28]和基于熵的测度[29]等。目前已经提出了各种不同角度的测度衡量标准，但是具体的优劣并没有详细的理论分析与证明，所以还不能够评价到底哪种方式更加有效[30]。下面主要针对输出不一致测度来分析 ELM 之间的相异性。

## 6.4　基于输出不一致测度的 ELM 集成

如果想要通过 $N$ 个 ELM 集成去逼近函数 $f:R^m \to L$，其中 $L$ 是类标签，则每个 ELM 分别进行投票，某一类的类标签获得票数最多的作为 ELM 集成的预测输出值。为了讨论的方便，假设 $L$ 只包含两类，也就是说逼近的函数是 $f:R^m \to \{0,1\}$。下面的推导可以推广到大于两类标签的情况。设样本的总数为 $M$，ELM 的个数为 $N$，第 $i$ 个 ELM 对第 $j$ 个样本的输出值为 $f_{ij}$。

采用基于输出不一致测度的 ELM 相异性集成的思想是从比较每个 ELM 的输出结果入手，如果第 $i$ 个和第 $j$ 个 ELM 对第 $k$ 个样本的判别结果 $f_{ik}$ 和 $f_{jk}$ 相同，则 $\text{Dif}(f_{ik}, f_{jk}) = 0$ $(i = 1, 2, \cdots, N; j = 1, 2, \cdots, N; k = 1, 2, \cdots, M)$，否则 $\text{Dif}(f_{ik}, f_{jk}) = 1$。用 $\text{Diversit}_{i,j} = \sum_{k=1}^{M} \text{Dif}(f_{ik}, f_{jk})$ 表示第 $i$ 个 ELM 与第 $j$ 个 ELM 的相异性，可得到一个输出不一致性矩阵：

$$\text{Diversit} = \begin{bmatrix} \text{Diversit}_{1,1} & \cdots & \text{Diversit}_{1,j} & \cdots & \text{Diversit}_{1,N} \\ \vdots & & \vdots & & \vdots \\ \text{Diversit}_{i,1} & \cdots & \text{Diversit}_{i,j} & \cdots & \text{Diversit}_{i,N} \\ \vdots & & \vdots & & \vdots \\ \text{Diversit}_{N,1} & \cdots & \text{Diversit}_{N,j} & \cdots & \text{Diversit}_{N,N} \end{bmatrix} \tag{6-3}$$

显然，Diversit 是个对角线为 0 的对称矩阵。

用 $\text{select}_i$ 表示第 $i$ 个 ELM 与其他所有 ELM 的相异性，其中

$$\text{select}_i = \sum_{j=1}^{N} \text{Diversit}_{i,j} \tag{6-4}$$

## 6.4.1　理论分析

假设有 $N$ 个 ELM，$M$ 个样本，不妨设样本为二分类样本（可递推至多类）。采用输出不一致测度，记 $\xi_{nm,k} = \text{Dif}(f_{nk}, f_{mk})$，$\xi_{nm,k}$ 可能的取值为 0，1。$\xi_{nm,k} = 0$，即 $(f_{nk}, f_{mk}) = (0,0),(1,1)$；$\xi_{nm,k} = 1$，即 $(f_{nk}, f_{mk}) = (0,1),(1,0)$，则两个 ELM 之间的相异度为 $\text{diversit}_{nm} = \sum_{k=1}^{M} \xi_{nm,k} = \eta_{nm}$，第 $n$ 个 ELM 与其他所有 ELM 之间的相异度记为 $\eta_n$，期望 $E\eta_n = \sum_{m=1}^{N} E\eta_{mn}$，$E\eta_n$ 的值越大，则该 ELM 与其他 ELM 的相异度越大。

设 ELM $f_n$ 和 $f_m$ 的分类精度分别为 $p_n, p_m, p_n > 0, p_m < 1$。

（1）当样本 $k$ 的真实类标为 1 且 $f_n$ 和 $f_m$ 对该样本的分类结果为 $\xi_{nm,k} = 0$ 时，有两种可能：

$(f_{nk}, f_{mk}) = (0,0)$，此时的概率为 $p1 = (1 - p_n)(1 - p_m)$；

$(f_{nk}, f_{mk}) = (1,1)$，此时的概率为 $p2 = p_n \cdot p_m$，则 $p_1(\xi_{nm,k} = 0) = p1 + p2$。

当分类结果为 $\xi_{nm,k} = 1$ 时，也有两种可能：

$(f_{nk}, f_{mk}) = (0,1)$，此时的概率为 $p3 = (1 - p_n)p_m$；

$(f_{nk}, f_{mk}) = (1,0)$，此时的概率为 $p4 = p_n \cdot (1 - p_m)$，则 $p_1(\xi_{nm,k} = 1) = p3 + p4$。

（2）当样本 $k$ 的真实类标为 0 且 $f_n$ 和 $f_m$ 对该样本的分类结果为 $\xi_{nm,k} = 0$ 时，有两种可能：

$(f_{nk}, f_{mk}) = (0,0)$，此时的概率为 $p1' = p_n \cdot p_m = p2$；

$(f_{nk}, f_{mk}) = (1,1)$，此时的概率为 $p2' = (1 - p_n) \cdot (1 - p_m) = p1$，则 $p_0(\xi_{nm,k} = 0) = p1 + p2$。

当分类结果为 $\xi_{nm,k} = 1$ 时，也有两种可能：

$(f_{nk}, f_{mk}) = (0,1)$，此时的概率为 $p3' = p_n \cdot (1 - p_m) = p4$；

$(f_{nk}, f_{mk}) = (1,0)$，此时的概率为 $p4' = (1 - p_n) \cdot p_m = p3$，则 $p_0(\xi_{nm,k} = 1) = p3 + p4$。

设全部样本中属于类 1 的样本有 $X$ 个，属于类 0 的样本有 $M - X$ 个。因为每个样本之间都是相互独立的，所以有

$$p_1(\xi_{nm,1} = 0) = \cdots = p_1(\xi_{nm,M} = 0) = p_1(\xi_{nm,k} = 0)$$
$$p_1(\xi_{nm,1} = 1) = \cdots = p_1(\xi_{nm,M} = 1) = p_1(\xi_{nm,k} = 1)$$
$$p_0(\xi_{nm,1} = 0) = \cdots = p_0(\xi_{nm,M} = 0) = p_0(\xi_{nm,k} = 0)$$
$$p_0(\xi_{nm,1} = 1) = \cdots = p_0(\xi_{nm,M} = 1) = p_0(\xi_{nm,k} = 1)$$

则 $\eta_{mn}$ 的数学期望为

$$
\begin{aligned}
E\eta_{nm} &= \sum_{k=1}^{X} (p_1(\xi_{nm,k}=0)\cdot 0 + p_1(\xi_{nm,k}=1)\cdot 1) \\
&\quad + \sum_{k=1}^{M-X} (p_0(\xi_{nm,k}=0)\cdot 0 + p_0(\xi_{nm,k}=1)\cdot 1) \\
&= (p_1(\xi_{nm,k}=0)\cdot 0 + p_1(\xi_{nm,k}=1)\cdot 1)X \\
&\quad + (p_0(\xi_{nm,k}=0)\cdot 0 + p_0(\xi_{nm,k}=1)\cdot 1)(M-X) \\
&= p_1(\xi_{nm,k}=1)X + p_0(\xi_{nm,k}=1)(M-X) \\
&= (p3+p4)\cdot X + (p3+p4)(M-X) \\
&= (p3+p4)\cdot M \\
&= ((1-p_n)p_m + p_n(1-p_m))\cdot M \\
&= (p_n+p_m-2p_np_m)\cdot M
\end{aligned}
\tag{6-5}
$$

$\eta_n$ 的数学期望为

$$
\begin{aligned}
E\eta_n &= E\sum_{m=1}^{N}\eta_{nm} = \sum_{m=1}^{N}E(\eta_{nm}) = \sum_{m=1}^{N}(p_n+p_m-2p_np_m)\cdot M \\
&= M\cdot\sum_{m=1}^{N}(p_n+p_m-2p_np_m) = MNp_n + M\sum_{m=1}^{N}p_m - 2Mp_n\sum_{m=1}^{N}p_m \\
&= (NM - 2M\sum_{m=1}^{N}p_m)p_n + M\sum_{m=1}^{N}p_m
\end{aligned}
\tag{6-6}
$$

由式 (6-6) 可得，当 $0 < \overline{p}_m \leqslant 0.5$（$\overline{p}_m$ 表示均值）时，$E\eta_n$ 随 $p_n$ 单调递增，即分类器的分类精度越高，则与其他分类器的相异度越大，所以此时剔除相异度最小的分类器能够提高整个集成系统的分类精度；当 $0.5 < \overline{p}_m \leqslant 1$ 时，$E\eta_n$ 随 $p_n$ 单调递减，此时剔除相异度最大的分类器能够提高整个集成系统的分类精度。根据 $\overline{p}_m$ 的值，剔除掉相应的分类器后，可以得到以下结论：

$$
p_{d-\text{ELM,c}} > p_{\text{ELM,c}}
\tag{6-7}
$$

式中，$p_{d-\text{ELM,c}}$ 为剔除后集成系统的分类精度，$p_{\text{ELM,c}}$ 为不剔除时集成系统的分类精度。即相异性集成的分类精度要比全部集成的要高。

### 6.4.2　算法描述

算法步骤如下所示。

(1) 分别用 $N$ 个 ELM 对训练样本进行训练。

(2) 记录第 $i$ 个 ELM 的分类精度 $p_i$ 和对第 $k$ 个样本的判断结果 $f_{ik}$。

(3) 如果第 $i$ 个 ELM 和第 $j$ 个 ELM 对第 $k$ 个样本的判断结果不同，则 $\text{Dif}(f_{ik}, f_{jk})=1$，否则 $\text{Dif}(f_{ik}, f_{jk})=0$。

(4) 用 $\text{Diversit}_{i,j} = \sum_{k=1}^{N} \text{Dif}(f_{ik}, f_{jk})$ 记录两个 ELM 的相异度。

(5) 计算 $\text{select}_{i,j} = \sum_{j=1}^{N} \text{Diversit}_{i,j}$ 和 $\overline{p}$。

(6) 当 $0 < \overline{p} \leqslant 0.5$ 时，剔除掉 select 最小的 ELM；当 $0.5 < \overline{p} \leqslant 1$ 时，剔除掉 select 最大的 ELM。

(7) 通过多数投票法将剩余的 ELM 进行集成。

(8) 使用集成后的分类器对测试样本进行测试。

(9) 对以上整个过程多次测试求平均值。

### 6.4.3　实验与结果分析

在理论分析的基础上，本节将选取 Breast、Colon、Heart 和 Leukemia 4 组基因表达数据集进行测试。Breast、Colon 和 Leukemia 均为肿瘤数据集用来对本章所提算法进行验证，Heart 为非肿瘤数据集，用来对算法的通用性进行测试。

为了获得更好的分类结果，先对这 4 个实验数据进行特征选择，去除冗余数据对实验结果的影响。输入权值和隐层节点的阈值随机选择，对应 Breast、Leukemia、Colon、Heart 这 4 个数据集的 ELM 的隐层节点的数目分别设为 3、30、3、5。分别对 4 个数据集采用 Bagging 集成、Boosting 集成和基于输出不一致测度的相异性集成(D-D-ELM)。为了避免 ELM 稳定性不强所造成的误差，对不同个数的 ELM 进行集成时重复试验 30 次，求平均值，实验结果见表 6-1。

表 6-1　实验结果

| 数据集 / 集成方式 (ELM 个数) | 2 | 6 | 10 | 14 | 18 | 22 | 26 | 30 |
|---|---|---|---|---|---|---|---|---|
| **Breast** D-D-ELM | 0.7762 | 0.7818 | 0.7846 | 0.7826 | 0.7864 | 0.7881 | 0.7862 | 0.7889 |
| Bagging | 0.7462 | 0.7721 | 0.7803 | 0.7798 | 0.7824 | 0.7752 | 0.7780 | 0.7817 |
| Boosting | 0.7497 | 0.7729 | 0.7805 | 0.7789 | 0.7789 | 0.7776 | 0.7786 | 0.7831 |
| **Leukemia** D-D-ELM | 0.7964 | 0.7814 | 0.8489 | 0.8343 | 0.8286 | 0.8436 | 0.8400 | 0.8464 |
| Bagging | 0.7595 | 0.8700 | 0.7760 | 0.8020 | 0.8249 | 0.8551 | 0.8224 | 0.8127 |
| Boosting | 0.7886 | 0.8593 | 0.8221 | 0.8210 | 0.8314 | 0.8500 | 0.7964 | 0.8071 |
| **Colon** D-D-ELM | 0.8309 | 0.8482 | 0.8587 | 0.8573 | 0.8659 | 0.8650 | 0.8695 | 0.8650 |
| Bagging | 0.7841 | 0.8091 | 0.8591 | 0.8586 | 0.8477 | 0.8636 | 0.8684 | 0.8639 |
| Boosting | 0.8550 | 0.8435 | 0.8459 | 0.8595 | 0.8459 | 0.8559 | 0.8627 | 0.8568 |
| **Heart** D-D-ELM | 0.7554 | 0.7615 | 0.7608 | 0.7631 | 0.7631 | 0.7652 | 0.7606 | 0.7615 |
| Bagging | 0.7334 | 0.7429 | 0.7556 | 0.7563 | 0.7563 | 0.7587 | 0.7558 | 0.7596 |
| Boosting | 0.7297 | 0.7429 | 0.7505 | 0.7589 | 0.7589 | 0.7576 | 0.7586 | 0.7631 |

根据以上实验数据，可得图 6-1～图 6-4。

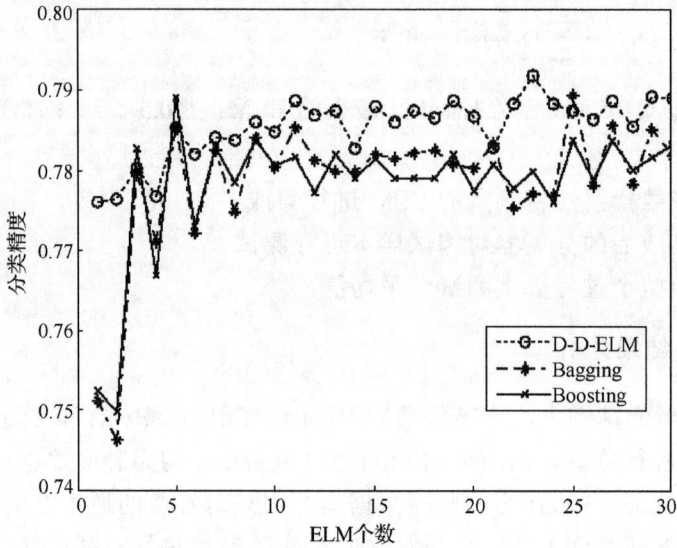

图 6-1    Breast 基因测试

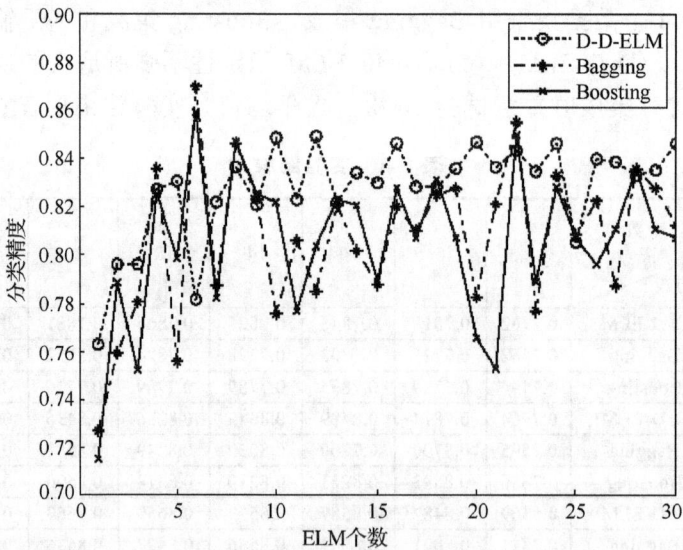

图 6-2    Leukemia 基因测试

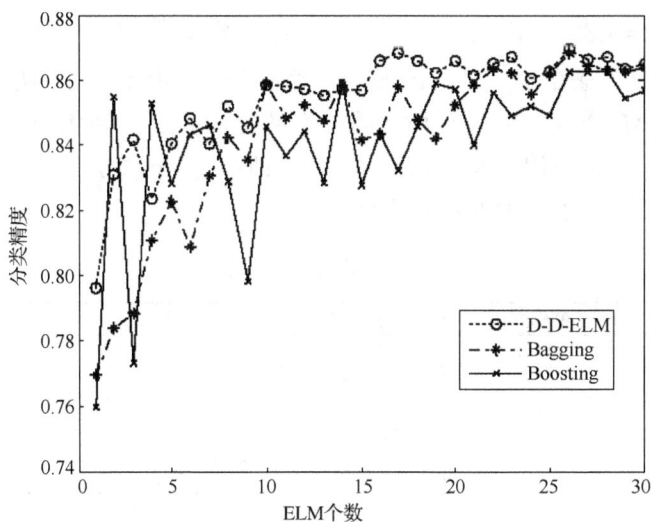

图 6-3　Colon 基因测试

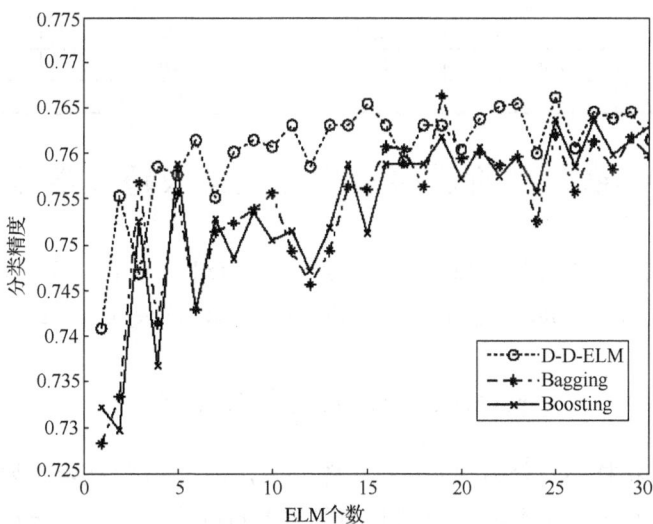

图 6-4　Heart 基因测试

根据表 6-1 中的实验数据，可得图 6-1～图 6-4，为了验证分类算法的有效性，对各种分类算法进行方差显著性 F 检验，$F = \dfrac{S_1^2}{S_2^2} \sim F(n-1, m-1)$，其中 $S_1, S_2$ 分别为两种方法的样本方差，$n, m$ 分别为两个样本的数量，此处均为 30。因为在每个数据集上分别对 1 个，2 个，…，30 个 ELM 进行训练，所以自由度为 29，对全部数据进行统计分析的结果见表 6-2。在显著性水平为 0.05 时，通过查 $F$ 分布表

可得 $F_{0.05}(29,30)=1.85$ ，$F_{0.05}(29,24)=1.9$ ，而计算所得 $F$ 值均大于 1.9，所以
D-D-ELM 算法是显著的。可以得出如下结论：基于输出不一致测度的相异性集成
需要更少的 ELM 个数即可达到相同的分类精度，并且这种相异性集成能尽快地
趋于稳定。可见，在使用少量 ELM 进行集成时，基于输出不一致测度的相异性
集成的效果还是要优于其他几种经典集成方法的。

表 6-2  统计分析结果

| 数据集 | 集成方法 | 平均值 | 方差 | $F$ 值 |
|---|---|---|---|---|
| Breast | D-D-ELM | 0.7852 | $1.5363\times10^{-5}$ | — |
| | Bagging | 0.7783 | $8.1556\times10^{-5}$ | 5.3086 |
| | Boosting | 0.7780 | $6.8460\times10^{-5}$ | 4.4561 |
| Leukemia | D-D-ELM | 0.8276 | $4.2114\times10^{-4}$ | — |
| | Bagging | 0.8070 | $9.8549\times10^{-4}$ | 2.3401 |
| | Boosting | 0.8053 | $9.8172\times10^{-4}$ | 2.3311 |
| Colon | D-D-ELM | 0.8546 | $2.555\times10^{-4}$ | — |
| | Bagging | 0.8423 | $6.6964\times10^{-4}$ | 2.6209 |
| | Boosting | 0.8404 | $6.0172\times10^{-4}$ | 2.3550 |
| Heart | D-D-ELM | 0.7605 | $2.9168\times10^{-5}$ | — |
| | Bagging | 0.7541 | $7.2679\times10^{-5}$ | 2.4917 |
| | Boosting | 0.7540 | $7.7914\times10^{-5}$ | 2.6712 |

## 6.5  嵌入代价敏感的相异性集成超限学习机

嵌入代价敏感的相异性集成 ELM（Cost Sensitive D-ELM，CS-D-ELM）通过在相
异性集成 ELM（Dissimilarity ELM，D-ELM）中嵌入误分类代价和拒识代价，最小化
条件风险。

$$\arg\min R(i\,|\,x) = \arg\min \sum_j P(j\,|\,x)\cdot C(i,j) \tag{6-8}$$

式中，$R(i\,|\,x)$ 是将样本 $x$ 分为第 $i$ 类的条件风险，$P(j\,|\,x)$ 为该样本属于第 $j$ 类的概
率，$C(i,j)$ 表示将一个 $j$ 类样本误判断为第 $i$ 类的风险。这里 $i,j\in\{c_1,c_2,\cdots,c_m\}$ ，$m$
是分类的类别数。

### 6.5.1  嵌入代价敏感的 D-ELM

假设已知代价矩阵 $C$ 为某一固定的矩阵，依据式（6-8）进行代价敏感分类
（CSC）学习，需要估计样本 $x$ 属于 $j\in\{c_1,c_2,\cdots,c_m\}$ 类的概率 $P(j\,|\,x)$ 。用所给的数
据训练 $N$ 个相互独立的 ELM，根据相异性剔除理论对这 $N$ 个 ELM 进行剔除，对
剩余的 $K$ 个 ELM 在训练的过程中都使用相同的隐层节点数和激活函数，且对于

每个独立的 ELM 输入层权重和隐层偏置都是随机产生且不相关。这时对于每一个测试样本 $tx$，这 $K$ 个独立的 ELM 可以预测出 $K$ 个独立的分类结果。用一个初始空向量 $W_{K,tx}(c_1), W_{K,tx}(c_2), \cdots, W_{K,tx}(c_m)$（$m$ 是类别数）来存放这 $K$ 个 ELM 对 $tx$ 的分类结果。如对于第 $l \in [1, \cdots, K]$ 个 ELM 分类器，如果 $tx$ 的分类结果为 $i$，$i \in \{c_1, c_2, \cdots, c_m\}$，那么便进行下面的操作：

$$W_{K,tx}(i) = W_{K,tx}(i) + 1 \qquad (6\text{-}9)$$

当所有的 $K$ 个 ELM 都运行之后就可以得到一个最终的向量 $W_{K,tx}$，这时对于分类结果的每一类都可以得到一个概率：

$$P(i \mid tx) = \frac{W_{K,tx}(i)}{K}, \quad i \in \{c_1, c_2, \cdots, c_m\} \qquad (6\text{-}10)$$

通过 D-ELM 计算出测试样本 $tx$ 的条件概率之后，如果 $tx$ 被正确分类，且被分为第 $s$ 类，那么它属于 $s$ 类的概率便大于它的可能类别中所有其他的类，即存在一个不等式：

$$P(s \mid tx) \geqslant \max\{P(i \mid tx)\}, \quad i \in \{c_1, c_2, \cdots, c_m\} \qquad (6\text{-}11)$$

以二分类为例，就可以得到每个测试样本 $tx$ 属于正类和负类的概率 $P(p \mid tx) = \dfrac{W_{k,tx}(p)}{K}$ 和 $P(n \mid tx) = \dfrac{W_{k,tx}(n)}{K}$。

## 6.5.2　算法分析与描述

对每个测试样本 $tx$，仅仅知道样本的概率 $P(j \mid tx)$，$j \in \{c_1, c_2, \cdots, c_m\}$ 是不够的，当代价不相等时，即使不等式（6-11）成立，也不能判定 $x$ 是否属于 $s$ 类。因此，本章将非对称误分类代价和拒识代价嵌入到 D-ELM 中，将 D-ELM 重构 CS-D-ELM。

用 D-ELM 方法对 ELM 进行相异性集成，计算出 $tx$ 属于每一类的概率 $P(j \mid tx)$；设定代价矩阵 $C$，根据式（6-8）计算其属于某一类 $i$ 的代价，并求出它在代价最小的时候的类别：

$$\overline{ty} = \arg\min_i \{R(i \mid tx)\} = \arg\min_i \left\{ \sum_j P(j \mid x) \cdot C(i, j) \right\} \qquad (6\text{-}12)$$

即根据最小化平均误分类代价的原则重新计算测试样本的类标号，记 $\overline{ty}$ 为样本的真实类标，它集成了测试样本的误分类代价信息，则嵌入误分类代价之后的分类结果为

$$\overline{TY} = \begin{bmatrix} \overline{ty_1} \\ \vdots \\ \overline{ty_{\tilde{N}}} \end{bmatrix} = \begin{bmatrix} \arg\min_i \left\{ R(i \mid tx_1) \right\} \\ \vdots \\ \arg\min_i \left\{ R(i \mid tx_{\tilde{N}}) \right\} \end{bmatrix}$$

$$= \begin{bmatrix} \arg\min_i \sum_j \left\{ P(j \mid tx_1) \right\} \cdot C\{i,j\} \\ \vdots \\ \arg\min_i \sum_j \left\{ P(j \mid tx_{\tilde{N}}) \right\} \cdot C\{i,j\} \end{bmatrix} \qquad (6\text{-}13)$$

式中，$P(j \mid tx) = \dfrac{R_{K,x}(j)}{K}$，$j \in \{c_1, \cdots, c_m\}$ 是通过 D-ELM 计算出来的概率。

CS-D-ELM 算法步骤如下所示：

(1) 对 $N$ 个超限学习机设置初始值；

(2) 随机产生第 $i$ 个 ELM 的输入层参数 $(a_j^i, b_j^i), j = (1, \cdots, L)$（$L$ 为隐层节点个数）；

(3) 计算第 $i$ 个 ELM 的隐层输出矩阵；

(4) 计算第 $i$ 个输出权重，是目标输出矩阵；

(5) 对 $N$ 个 ELM 采用相异性剔除，设剔除后的 ELM 有 $K$ 个；

(6) 针对测试样本，利用剔除后得的分类器预测 $tx$ 的类别，假设类别为 $j$，$j \in \{c_1, c_2, \cdots, c_m\}$，则 $W_{K,tx}(j) = W_{K,tx}(j) + 1$；

(7) 计算出测试集属于每一类的概率 $P(j \mid tx) = \dfrac{W_{K,tx}(j)}{K}$；

(8) 利用式 (6-13) 计算出真实的类标号；

(9) 结束。

### 6.5.3　嵌入拒识代价的 CS-D-ELM

分类可靠性较低的样本更容易被误分类，为了降低误分类的高代价，在 CS-D-ELM 的基础上进一步嵌入"拒识选项"，从而不对分类可靠性低的样本进行自动分类。拒识代价包括以下三种情况：

(1) 被拒识的样本需要其他的进一步分析过程处理所需的代价；

(2) 由于拒识决策一个样本而造成的某种损失；

(3) 以上两种情况都包含。

拒识代价的定义：假如有一个给定的相当小的正数 $\delta$（拒识阈），对于任意的测试样本 $tx$，如果有式 (6-14) 和式 (6-15) 成立：

$$R(s\,|\,tx) < \max\{R(i\,|\,tx)\}, \quad i \in [c_1, \cdots, c_m], \quad i \neq s \tag{6-14}$$

$$f(tx) = \min\{R(i\,|\,tx)\} - R(s\,|\,tx), \quad i \in [c_1, \cdots, c_m], \quad i \neq s \tag{6-15}$$

则当 $f(tx) \geqslant \delta$ 时，将测试样本分为第 $s$ 类；当 $f(tx) < \delta$ 时，对样本进行拒识处理。

对于嵌入误分类代价和拒识代价的二元分类问题，已知给定测试样本 $TX = \{(tx_1, ty_1), \cdots, (tx_i, ty_i), \cdots, (tx_{\tilde{N}}, ty_{\tilde{N}})\}$（其中，$tx_i \in \mathbf{R}^n, ty_i \in \{n, p\}, i = 1, \cdots, N$）和代价矩阵 $C = \{C(p, n), C(n, p), C(0, n), C(0, p)\}$，其中，$C(p, n), C(n, p)$ 为误分类代价；$C(0, n), C(0, p)$ 为拒识代价。根据 2.2 节，并结合拒识阈 $\delta$ 计算概率为 $P(0\,|\,x)$（被拒识的概率）、$P(n\,|\,x)$、$P(p\,|\,x)$，再通过计算最小平均误分类代价来对测试样本进行判定，即

$$\overline{ty} = \arg\min_i \{R(i\,|\,tx)\} = \arg\min_i \sum_j P(i\,|\,x)C(j, i), \quad i, j \in \{0, n, p\}$$

这里拒识阈 $\delta$ 是依样本而定的。

# 6.6　小　　结

目前，集成系统依然是机器学习的研究重点，虽然有很多的研究者在此方面做了大量的研究，有了很多的研究成果，但是具体的工作原理却并不为外人知。此外，如何判定各个 ELM 之间的关系，如何充分理解和使用差异度，用什么样的差异度形式对 ELM 进行判定，还是研究者面临的巨大问题。

相异性是集成系统中一个很重要的课题。而这个课题的关键就是能够设计出结构差异大，能够考虑到各方面因素的个体分类器，然后采用某种测度对个体分类器极限集成。

由于基因表达数据的基因数远远大于样本数的特点，本章提出了处理这类数据的一种通用的分类算法：首先以输出不一致测度为标准对 ELM 进行剔除，然后把其他 ELM 的判断结果用多数投票法进行判断，最后再用集成后的 ELM 对基因表达数据进行分类。本章通过对输出不一致测度进行理论分析得出其理论上的有效性，然后通过对基因表达数据的分类实验，得出其应用中的有效性——基于输出不一致测度的 ELM 集成算法，能够使用较少的分类器个数达到较好的分类效果。

## 参 考 文 献

[1]　张春霞, 张讲社.选择性集成学习算法综述[J]. 计算机学报, 2011, 34(8): 1399-1410.

[2] Dietterich T G. Machine learning research: Four current directions[J]. AI Magazine, 1997, 18(4): 97-136.

[3] 何清, 李宁, 罗文娟, 等. 大数据下的机器学习算法综述[J]. 模式识别与人工智能, 2014, 4: 327-336.

[4] Xavier S M, Gernot D, Ronald I. Determinants of long-term growth: A Bayesian averaging of classical estimates (BACE) approach[J]. The American Economic Review, 2004, 94(4): 813-835.

[5] Schapire R E.The strength of weak learnability[J]. Machine Learning,1990,5(2):197-227.

[6] Freund Y, Schapire R E. A decision-theoretic generalization of on-line learning and an application to boosting[J]. Journal of Computer and System Sciences,1997,55(1):119-139.

[7] Breiman L. Bagging predicators[J]. Machine Learning, 1996, 4(2):123-140.

[8] Liu Q Z, Chen C H, Zhang Y, et al. Feature selection for support vector machines with RBF kernel[J]. Artificial Intelligence Review,2011,36(2): 99-115.

[9] Zhou Z H, Wu J X, Tang W. Ensembling neural networks: Many could be better than all[J]. Artificial Intelligence, 2002, 137(1-2):239-263.

[10] Huang G B, Zhu Q Y, Siew C K. Extreme learning machine: Theory and applications[J]. Neurocomputing, 2006, 70(1-3): 489-501.

[11] Huang G B, Chen L, Siew C K. Universal approximation using incremental feedforward networks with arbitrary input weights[J]. Neural Networks, 2006, 17 (4): 879-892.

[12] Huang G B, Chen L. Convex incremental extreme learning machine[J]. Neurocomputing, 2007, 70(16-18): 3056-3062.

[13] Huang G B, Chen L. Enhanced random search based incremental extreme learning machine[J]. Neurocomputing, 2008, 71(16-18): 3060-3068.

[14] Feng G R, Huang G B, Lin Q P. Error minimized extreme learning machine with growth of hidden nodes and incremental learning[J]. Neural Networks, 2009: 20(8): 1352-1357.

[15] Lan Y, Soh Y C, Huang G B. Ensemble of online sequential extreme learning machine[J]. Neurocomputing ,2009,73(13-15): 3391-3395.

[16] Cao W, Lin Z P, Huang G B, et al. Voting based extreme learning machine [J]. Information Sciences, 2012, 185(1): 66-77.

[17] Huang G B, Ding X J, Zhou H M. Optimization method based extreme learning machine for classfication[J].Neurocomputing,2010,74(1-3): 155-163.

[18] Chen P, Dong S P, Lu H J, et al. Color image segmentation by fixation-based active learning with ELM[J]. Soft Computing, 2012, 16(9): 1569-1584.

[19] Zheng W B, Qian Y T, Lu H J. Text categorization based on regularization extreme learning machine[J]. Neural Computing and Applications, 2013, 22(3): 447-456.

[20] Lu H J, An C L, Zheng E H, et al. Dissimilarity based ensemble of extreme learning machine for tumor data classification[J]. Neurocomputing, 2014, 128(5): 22-30.

[21] 陆慧娟, 安春霖, 马小平, 等. 基于输出不一致测度的极限学习机集成的基因表达数据分类[J]. 计算机学报, 2013, 36(2): 341-348.

[22] Kuncheva L I, Whitaker C J. Limits on the majority vote accuracy in classifier fusion[J]. Pattern Analysis & Applications, 2003, 6(1): 22-31.

[23] Ho T. The random space method for constructing decision forests[J]. IEEE Transactions on Pattern Analysis and Machine Intelligence, 1998, 20(8): 832-844.

[24] 刘昆宏. 多分类器集成系统在基因微阵列数据分析中的应用[D]. 合肥:中国科学技术大学, 2008.

[25] Ruta D, Gabrys B. Application of the evolutionary algorithms for classifiers selection in multiple classifier systems with majority voting, multiple classifier systems[C]//Proceedings of the MCS'2001 Workshop, Cambridge, 2001: 399-408.

[26] 徐春归.基于微阵列数据分析的肿瘤分类方法研究[D]. 合肥: 中国科学技术大学, 2009.

[27] Schena M, Shalon D, Davis R W, et al. Quantitative monitoring of gene expression patterns with a complementary DNA microarray[J]. Science, 1995, 270(5235): 368-371.

[28] Wolpert. Bias plus variance decomposition for zero one loss functions[C]//Proceedings of the Thirteenth International Conference on Machine Learning, 1996.

[29] Cunningham P, Carney J. Diversity versus quality in classification ensembles based on feature selection[J]. Lecture Notes in Computer Science, 2000, 18: 109-116.

[30] 杨泽平. 基于神经网络的不平衡数据分类方法研究[D]. 上海: 华东理工大学, 2015.

# 第 7 章　基于代价敏感的基因表达数据分类

## 7.1　引　言

在 2.6 节中介绍了代价敏感学习的概念，将误分类代价敏感学习嵌入到机器学习算法中，被称为代价敏感机器学习 (Cost-Sensitive Learning Machine，CSLM)。CSLM 是机器学习和数据挖掘中的重要研究方向之一，它以实现全局误分类代价最小为分类目标，而不是传统地以误分类率最小为目标。通过提高误分类代价较高的小类别样本的分类准确率来实现全局误分类代价最小的目标。通常情况下，CSLM 可以通过抽样[1,2]和调整二分类算法实现[3-5]。

抽样方法是通过重构训练类分布以提高误分类代价较大的原数据中小类别样本的分类精度，从而降低平均误分类代价。Kubat 和 Matwin[6]提出了一种具有代表性的欠抽样方法，它通过删除噪声样本、边界处和冗余大类别样本，证明了类分布比率小于 70 时是有效的[7]。Bagging 和多分类器通过两个欠抽样方法将子分类器进行集成以提高分类精度，减小平均误差代价[8]。不同于欠抽样，过抽样技术复制或插值小类别样本以减小类不平衡[9]。基于欠抽样技术，Li 等[10]提出 Easy Ensemble 和 Balance Cascade 方法以提高误分类代价较大的小类别样本的分类精度[11]。通过人工合成的方法产生新的小类别样本，Chawla 等[12]提出的过抽样技术改变了训练类分布，对于机器学习分类算法，这种技术的性能优于简单的过抽样技术。现实世界中的数据大都是不平衡的，Japkowicz[13]针对这些不平衡数据，系统地评估了欠抽样和过抽样的性能，通过理论和实验证明两种方法都是有效的。依据样本的不同误分类代价，Elkan[14]提出了一种利用加权的方法训练样本，然后按权值抽样以重新构造训练样本集的方法。周志华和陈世福[15]集合了几种不同的算法，实现了欠抽样和过抽样的综合学习，使得训练样本的类分布正比于各个类别的误分类代价。

关于调整学习算法，Ling 和 Li[16]提出了调整决策树算法以改进不平衡数据集上的学习性能，降低误分类代价较大的小类别样本的误差率。Drummond 和 Holte[17]针对误分类代价和类分布对决策树的分裂标准及剪枝方法的影响做了比较深入的研究，并使用了误分类代价来作为判断分类器的性能指标。Fan 等[18]依据样本的代价，把代表分类过程中重要程度的权值集成到了 Adaboost，在第一次的迭代过程中按照这个权值进行抽样。Freund 和 Schapire[19]通过引入一个误分类代价函数来重新构造权值，允许每个样本都有不同的误分类代价。基于神经网络，周志华和陈世福[15]提出了一种提高误分类代价较大的小类别样本的分类精度，它是向误分类代价较小的类别移动预测阈值实现的。Xiao 等[21]指出 SVM 最优分类超平面上的样本，相对于两类错分类而言概率是相等的，但是风险是不相等的，在此基础上提出了诊断可信度函数，并在样本的特征空间中对最优分类超平面进行重新设计，从而减小了正类(分类代价较高)样本集的误分类率。

分类算法还应该考虑的一个问题是：当某样本的分类可靠性很低时，对样本进行"拒识"决策，即不相信分类器对该样本的分类结果。分类可靠性低的样本被误分类的概率较大，有较高的误分类代价，为避免这种情况，可在分类算法中嵌入"拒识"选项，即不对分类可靠性低的样本进行自动分类。例如，自动分拣系统中误分类一个邮政编码，导致信件被退回并重新邮寄所付出的代价为误分类代价；对可靠性低的邮件不采用机器的自动分类，而靠人眼识别进行人工分类所付出的代价为拒识代价。显然对可靠性较低的信件进行分类时，误分类代价远高于拒识代价。因此，当样本可靠性低于阈值时，对其进行"拒识"是合理的[22]。Chawla 等[12]假定分类器提供每个类别后验概率，在给定拒识率的基础上最小化误差率，若样本的最大后验概率小于一个拒识阈值，则不对其进行自动分类。Foggia 等[2]根据贝叶斯决策规则，提出了一种能够解决多专家系统误分类概率和拒识率的方法，实验证明这种方法相对其他算法是最优的。卫东等[23]将误分类代价和拒识代价同时引入到 SVM，进一步改进了代价敏感分类(CSC)算法的性能。

在医疗诊断、故障诊断和欺诈检测等领域中，其一，不同类型的误分类具有不同的代价；其二，对分类可靠性低的样本进行自动分类可能会导致高的误分类代价。针对上述问题，本章从这些领域中提炼出一种嵌入误分类代价和拒识代价的分类问题，并对其数学描述和相应的分类算法进行了研究。在分类问题中，引入非对称误分类代价是考虑到上述领域中的误分类代价是依赖于类别的；引入拒识代价增加了分类可靠性，进一步减少分类代价。

受上述启发，将误分类代价和拒识代价引入 ELM，减少 ELM 在分类过程中造成的平均误分类代价，称这类 ELM 为代价敏感超限学习机(CS-ELM)[24,25]。CS-ELM 以平均误分类代价最小为目标，而不是追求误分类概率最小，通过提高误分类代价较高的小类别样本的分类精度来实现分类代价最小的目标。通过在几个常用的基因表达数据集上对 CS-ELM 进行验证，并将所得结果和 ELM 进行对比。实验结果表明：CS-ELM 能够很好地降低平均误分类代价，提高了分类可靠性，尤其是当样本分布不均衡的时候。

## 7.2　代价敏感超限学习机

基于贝叶斯决策理论的启发，在本章中提出了 CS-ELM。CS-ELM 是通过在 ELM 中嵌入误分类代价（一般情况下为非对称的）以及拒识代价，然后最小化条件风险（平均误分类代价）[26]。

$$\arg\min R(i\,|\,x) = \arg\min \sum_j P(j\,|\,x)\cdot C(i,j) \tag{7-1}$$

式中，$R(i\,|\,x)$ 是将样本 $x$ 分为第 $i$ 类的条件风险，$P(j\,|\,x)$ 为该样本属于第 $j$ 类的概率，$C(i,j)$ 表示把一个 $j$ 类样本误分类为 $i$ 的风险。这里 $i,j \in \{c_1,c_2,\cdots,c_m\}$，$m$ 是分类的类别数。

### 7.2.1　贝叶斯决策论的启发

贝叶斯决策是一种常用的、比较成熟的分类算法，以下是贝叶斯决策论的一个基本思想：

(1)已知先验概率和类条件概率密度参数表达式；

(2)利用贝叶斯公式将先验概率转换成后验概率；

(3)根据所得后验概率的大小进行决策分类。

设任一样本 $x$，它属于类 $j$ 的概率表示为 $P(j\,|\,x)$，改进的贝叶斯决策方法要把该样本分为 $i$ 类需最小条件风险：

$$R(i\,|\,x) = \sum_j P(j\,|\,x)\cdot C(i,j) \tag{7-2}$$

这个最小化后的条件风险称为贝叶斯风险。其中 $i,j \in \{c_1,c_2,\cdots,c_m\}$，$C(i,j)$ 表示把一个 $j$ 类样本误分类为 $i$ 类的风险，显然 $i=j$ 时表示的是正确分类，$i \neq j$ 表示的是错误分类。

传统的基于精度的"0-1"损失分类器（如标准的 ELM、SVM 等），$i=j$ 时，$C(i,j)=0$；$i \neq j$ 时，$C(i,j)=C(j,i)=1$。分类的任务是寻找 $x$ 的极大概率。

然而，对于代价敏感分类（CSC）问题，当 $i \neq j$ 时，$C(i,j) \neq C(j,i)$，这个时候便不能够仅仅依靠样本 $x$ 的极大概率来确定样本的类别。因此，若给定误分类代价，则可以重新构造代价矩阵 $C$，根据式(7-1)实现代价敏感分类任务，使得全局误分类代价达到最小。这里涉及的代价 $C(i,j)$ 可以是时间的损耗、健康的恶化、财产的损失等，也可用收益替代代价（这时就要满足平均收益最大化，而不是最小化）。

下面以二分类问题为例说明代价敏感机器学习的本质以及它的实现方法,这里规定正类为 $p$ 和负类为 $n$,且满足 $P(p|x)=1-P(n|x)$。基于精度最优的传统分类器,它们假定每类样本的误分类代价是相等的,即 $C(p,n)=C(n,p)$,只关注 $P(p|x)$ 就足够了,依 $P(p|x)=0.5$ 确定分类边界,若 $P(p|x)\leqslant0.5$,$x$ 被分为 $n$ 类,否则 $x$ 被分为 $p$ 类。但对 CSC 问题,$C(p,n)\neq C(n,p)$,不妨设置代价矩阵为 $C(p,n)=1,C(n,p)=4,C(n,n)=C(p,p)=0$,此时若 $P(p|x)=0.3$(对于基于精度最优的分类器,$x$ 应该被分为 $n$ 类),则依式(7-1)得

$$R(p|x)=\sum_j P(j|x)\cdot C(j|p)=P(n|x)\cdot C(n|p)=(1-0.3)\times1=0.7$$

$$R(n|x)=\sum_j P(j|x)\cdot C(j|n)=P(p|x)\cdot C(p|n)=0.3\times4=1.2$$

根据 CSC 的分类任务,它是以平均误分类代价最小为目标的,样本 $x$ 便应该被分为 $p$ 类。这时应该按照 $P(p|x)=0.2$(根据 $R(p|x)=R(n|x)$ 计算可得)来确定分类的边界。这说明分类边界更加靠近误分类代价较小的 $n$ 类样本。

### 7.2.2 基于 ELM 集成的概率

假设已知代价矩阵 $C$ 为某一固定的矩阵,依据式(7-1)进行 CSC 学习,需要估计样本 $x$ 属于 $j\in\{c_1,c_2,\cdots,c_m\}$ 类的概率 $P(j|x)$。虽然贝叶斯决策分类器可以直接给出这个概率,但是它关于各类之间相互独立的假定缺乏一定的依据和准确性,而且实际的样本集中没有可用的概率数据,这些都严重影响了 CSC 在实际应用中的效果。神经网络有比较良好的抗噪性和能够解决高度非线性问题,但是它的网络结构的确定缺乏严格的理论基础,且存在过学习和局部最优问题。在第2章中已经介绍过 ELM 良好的泛化性能,且它可以很好地解决过学习问题,因此在本章采用 V-ELM 方法对 ELM 进行集成,计算样本的概率。

用所给的数据训练 $K$ 个相互独立的 ELM,这些 ELM 在训练的过程中都使用相同的隐层节点数和相同的激活函数,且对于每个独立的 ELM 输入层权重和隐层偏置都是随机产生且不相关的。这时对于每一个测试样本 $tx$,这 $K$ 个独立的 ELM 可以预测出 $K$ 个独立的分类结果。用一个初始空向量 $(W_{K,tx}(c_1),W_{K,tx}(c_2),\cdots,W_{K,tx}(c_m))$($m$ 是类别数)来存放这 $K$ 次 ELM 对 $tx$ 的分类结果。例如,对于第 $l\in[1,\cdots,K]$ 个 ELM 分类器,如果 $tx$ 的分类结果为 $i$,$i\in\{c_1,c_2,\cdots,c_m\}$,那么便进行下面的操作:

$$W_{K,tx}(i)=W_{K,tx}(i)+1 \tag{7-3}$$

当所有的 $K$ 个 ELM 都运行之后就可以得到一个最终的向量 $W_{K,tx}$，这时对于分类结果的每一类都可以得到一个概率：

$$P(i \mid tx) = \frac{W_{K,tx}(i)}{K}, \quad i \in \{c_1, c_2, \cdots, c_m\} \tag{7-4}$$

通过 V-ELM 计算出测试样本 $tx$ 的条件概率之后，如果 $tx$ 被正确分类，且被分为第 $s$ 类，那么它属于第 $s$ 类的概率便大于它的可能类别中所有其他的类，即存在一个不等式：

$$P(s \mid tx) \geqslant \max\{P(i \mid tx)\}, \quad i \in \{c_1, c_2, \cdots, c_m\}, \tag{7-5}$$

对于二分类问题，也就是可以得到每个测试样本 $tx$ 属于正类和负类的概率 $P(p \mid tx) = \frac{W_{K,tx}(p)}{K}$ 和 $P(n \mid tx) = \frac{W_{K,tx}(n)}{K}$ 。

### 7.2.3　算法分析与描述

给定代价矩阵 $C$，式(7-1)提供了一个实现 CSC 的框架。下面的具体步骤是基于 V-ELM，并通过在分类过程中引入概率估计以及代价最小化过程来重新构造分类结果，以实现 CSC，即 CS-ELM 算法。

给定代价矩阵 $C(i, j)$ 和训练样本集：

$$X = \{(x_1, y_1), \cdots, (x_i, y_i), \cdots, (x_n, y_n)\}, x_i \in \mathbf{R}^l, \quad y_i \in \{c_1, c_2, \cdots, c_m\} \tag{7-6}$$

以及测试样本集：

$$TX = \{(tx_1, ty_1), \cdots, (tx_i, ty_i), \cdots, (tx_{\tilde{n}}, ty_{\tilde{n}})\}, \quad ty_i \in \{c_1, c_2, \cdots, c_m\} \tag{7-7}$$

式中，$n$ 为训练样本数，$\tilde{n}$ 为测试样本数，$m$ 为样本的类别数(在二分类里面 $m=2$)，且 $y_i, ty_i \in \{p, n\}$，$l$ 为样本预测属性的维数。CSC 的任务是设计一个代价敏感分类器，使它能够对给定的测试样本 $TX$ 以及代价矩阵 $C$，实现测试集上平均误分类代价最小。

上述过程为 CSC 问题的一个概括性的描述，它和基于精度的传统算法在测试集 $TX$ 上进行学习是不同的，CSC 通过在训练集 $X$ 进行学习，并在测试集 $TX$ 和代价矩阵 $C$ 上进行应用，以全局的误分类代价最小为目标。很显然，基于精度的算法是 CSC 算法的特例，即当代价矩阵都相等($i \neq j, C(i, j) = C(j, i)$)的时候。因此，代价敏感分类算法是优于基于精度的分类算法的。

对每个测试样本 $tx$，如果仅仅知道样本的概率 $P(j \mid tx)$，$j \in \{c_1, c_2, \cdots, c_m\}$ 是不够的，正如 7.1 节中描述的一样，当代价矩阵不同时，即使等式(7-4)成立，也不能判定 $x$ 是否属于 $s$ 类。将非对称误分类代价嵌入到 ELM 中，将 ELM 重构 CS-ELM。

用 7.2.2 节中的 V-ELM 方法对 ELM 进行集成，训练 $K$ 个独立的 ELM，并计算出 $tx$ 属于每一类的概率 $P(j|tx)$，$j \in \{c_1, c_2, \cdots, c_m\}$；人工设定代价矩阵 $C$，根据式 (7-1) 计算其属于某一类 $i(i \in \{c_1, c_2, \cdots, c_m\})$ 的代价，并求出它在代价最小的时候的类别：

$$\overline{ty} = \arg\min_i \{R(i|tx)\} = \arg\min_i \sum_j P(j|tx) \cdot C(i,j) \tag{7-8}$$

即根据最小化平均误分类代价的准则重新计算测试样本集的类标号，设它为 $\overline{ty}$，它集成了测试样本的误分类代价信息，被称为样本的"真实"的类标号。因此，对于给定的二分类问题，只要比较 $R(p|tx)$ 和 $R(n|tx)$ 的大小即可。对 ELM 分类问题，在利用训练集计算出输出权重 $\beta$ 之后，在测试集 $\{(tx_i, ty_i)\}_i^{\tilde{N}}$ 上，使用标准 ELM 分类算法得分类结果为

$$TY = \begin{bmatrix} ty_1 \\ \vdots \\ ty_{\tilde{N}} \end{bmatrix} = \begin{bmatrix} h(tx_1) \\ \vdots \\ h(tx_{\tilde{N}}) \end{bmatrix} = \begin{bmatrix} \beta_1^{\mathrm{T}} \\ \vdots \\ \beta_{\tilde{N}}^{\mathrm{T}} \end{bmatrix} \tag{7-9}$$

考虑误分类代价之后的分类结果为

$$\overline{TY} = \begin{bmatrix} \overline{ty_1} \\ \vdots \\ \overline{ty_{\tilde{N}}} \end{bmatrix} = \begin{bmatrix} \arg\min_i \{R(i|tx_1)\} \\ \vdots \\ \arg\min_i \{R(i|tx_{\tilde{N}})\} \end{bmatrix} = \begin{bmatrix} \arg\min_i \sum_j \{P(j|tx_1) \cdot C(i,j)\} \\ \vdots \\ \arg\min_i \sum_j \{P(j|tx_{\tilde{N}}) \cdot C(i,j)\} \end{bmatrix} \tag{7-10}$$

式中，$P(j|tx) = \dfrac{W_{K,x}(j)}{K}$，$j \in (c_i, \cdots, c_m)$ 为 7.2.2 节中通过 V-ELM 计算出来的概率。

通过以上描述，提出了一种特殊的 ELM 的设计过程，即样本在误分类代价不相等时的一种 ELM。因为它集成了样本的误分类代价信息，所以被称为 CS-ELM。CS-ELM 和 ELM 有很多不同之处，概括如下。

(1) 由于 CS-ELM 在算法设计过程中引入了非对称误分类代价矩阵 $C$，而使得在标准的 ELM 中即使 $P(s|tx) > \max\{P(i|tx)\}_{i \in [c_1, \cdots, c_m] \text{且} i \neq s}$ 成立，也不能确定 $tx$ 是否属于第 $s$ 类。

(2) CS-ELM 降低了误分类代价较小的大样本集的分类精度，保证了误分类代价较高的小样本集获得比较高的分类精度。

(3) 尽管全局的分类精度降低了，但是测试集的平均误分类代价得到了明显的降低。

(4) 由于采用集成的方法，要训练多个 ELM 估计每一类的概率，这样就大大

增加了 ELM 的学习时间,如果采用的 $K$ 相当大,则运行的时间可能会超过 SVM 或者其他机器学习算法,失去了它本身最大的优点(学习速度快)。

CS-ELM 算法步骤如下所示:

(1)设置初始值 $k=1:K$;

(2)随机产生第 $k$ 个 ELM 的输入层参数 $(a_j^i, b_j^i), j=(1, \cdots, L)$;

(3)计算第 $k$ 个 ELM 的隐层输出矩阵 $H^k$;

(4)计算第 $k$ 个输出权重 $\beta^k$, $\beta^k = (H^k)^\dagger T$, $T$ 是目标输出矩阵;

(5)针对测试样本,利用训练得到的分类器预测 $tx$ 的类别,假设类别为 $j, j \in \{c_1, c_2, \cdots, c_m\}$,则 $W_{K,tx}(j) = W_{K,tx}(j)+1$;

(6)计算出测试集属于每一类的概率 $P(j \mid tx) = \dfrac{W_{k,tx}(j)}{K}$;

(7)利用式 $\overline{ty} = \arg\min_i \{R(i \mid tx)\} = \arg\min \sum_j P(j \mid tx) \cdot C(i,j)$ 计算出真实的类标号;

(8)结束。

## 7.3　嵌入拒识代价的代价敏感 ELM

当样本的分类可靠性很低时,不能准确地判断出该样本到底属于哪一类别,对该样本进行"拒识"决策,即不相信分类器对该样本的分类结果。分类可靠性低的样本被误分类的概率较大,为避免误分类导致的高代价,可在算法中嵌入"拒识选项",即不对分类可靠性低的模式进行自动分类。可以将"拒识代价"定义为以下几种形式:被拒识的样本需要其他的进一步分析过程处理所需要的代价或者由于拒识决策一个样本而造成的某种损失,或者两种情况都有。例如,在医疗诊断过程中,拒识一个"健康人"类别的样本可能面临着以再次诊断为代价;拒识一个"患者"类别的样本可能不仅包括再次诊断所付出的代价,还可能包括由于延误诊断而造成健康状况恶化的代价。嵌入误分类代价的 ELM 目的是降低学习过程中的平均误分类代价,嵌入拒识的 ELM 可以避免对分类可靠性低的样本进行分类,进一步减小平均误分类代价。

拒识代价的定义:假如有一个给定的相当小的正数 $\delta$(拒识阈值),对于任意的测试样本 $tx$,有式(7-11)成立:

$$R(s \mid tx) < \max\{R(i \mid tx)\}, \ i \in \{c_1, \cdots, c_m\}, i \neq s \tag{7-11}$$

则定义

$$f(tx) = \min R(i \mid tx) - R(s \mid tx), \ i \in \{c_1, \cdots, c_m\}, i \neq s \tag{7-12}$$

如果 $f(tx) \geq \delta$,那么可以将测试样本分为第 $s$ 类;如果 $f(tx) < \delta$,这时不去

判定它属于哪个类别，而是对它进行进一步的处理，即对样本进行"拒识"决策。对于二分类问题，可以简化描述如下。

有任意一个测试样本 $tx$，如果 $R(p|tx) - R(n|tx) > \delta$，那么该样本可以被分为"$n$"类；如果 $R(p|tx) - R(n|tx) < -\delta$，那么该样本可以被分为"$p$"类；如果 $-\delta < R(p|tx) - R(n|tx) < \delta$，则对该样本进行"拒识"决策。

因此上面的描述可以有如下决策函数：

$$\overline{ty} = \begin{cases} n, R(p|tx) - R(n|tx) > \delta \\ p, R(p|tx) - R(n|tx) < -\delta \\ 0, 其他 \end{cases} \tag{7-13}$$

对于嵌入误分类代价和拒识代价的二元分类问题，已知给定测试样本：

$$TX = \{(tx_1, ty_1), \cdots, (tx_i, ty_i), \cdots, (tx_{\tilde{N}}, ty_{\tilde{N}})\}, \ tx_i \in \mathbf{R}^n, ty_i \in \{n, p\}, i = 1, \cdots, \tilde{N} \tag{7-14}$$

和代价矩阵

$$C = \{C(p, n), C(n, p), C(0, n), C(0, p)\}$$

式中，$C(p, n), C(n, p)$ 为误分类代价；$C(0, n), C(0, p)$ 为拒识代价。根据 7.2.2 节，并结合拒识阈 $\delta$ 计算概率为 $P(0|x)$（被拒识的概率）、$P(n|x)$、$P(p|x)$，再通过计算最小平均误分类代价来对测试样本进行判定，即

$$\overline{ty} = \arg\min_i \{R(i|tx)\} = \arg\min_i \sum_j P(i|x)C(j, i), \ i, j \in \{0, n, p\} \tag{7-15}$$

这里拒识阈 $\delta$ 是依样本而定的。

### 7.3.1　CS-ELM 的实验结果

实验数据描述：本节内容针对 Breast 和 Heart 数据集进行分析，其中 Breast 数据集中类标号为–1 的个数为 504 个（负类），类标号为 1 的数据个数为 266 个（正类）。Heart 数据集中类标号为 1 的样本个数为 120 个，类标号为–1 的样本的个数为 150。接下来设置这两个数据集的代价矩阵都为 $C(1, -1) = 1$，$C(-1, 1) = 4$，并且在每个数据集上，都做了 30 次试验，最后取这 30 次实验的平均值作为实验结果。在这 30 次的实验过程中，每次都随机选择一定数量的样本组成训练集，剩下的样本为测试集。

图 7-1 和图 7-3 中 CS-ELM 和 ELM 分别表示用 CS-ELM 和 ELM 分类得到的平均误分类代价；图 7-2 和图 7-4 中 CS-TAC、CS-TNC、CS-TPC 和 TAC、TNC 以及 TPC 分别表示基于 CS-ELM 在测试集上的全局、负类、正类精度和基于 ELM 在测试集上的全局、负类、正类精度。

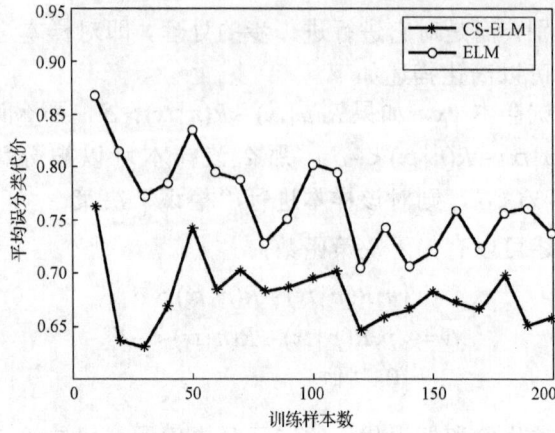

图 7-1 Breast 数据集上的平均误分类代价

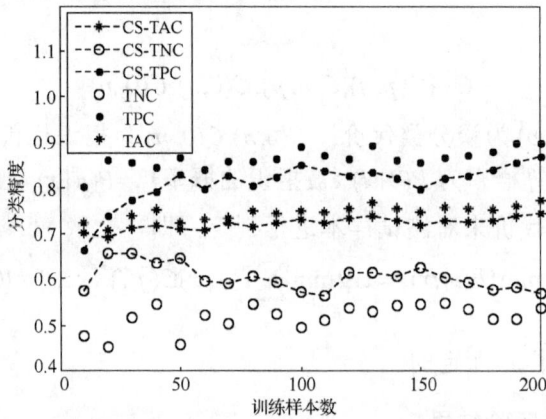

图 7-2 Breast 数据集上的平均分类精度

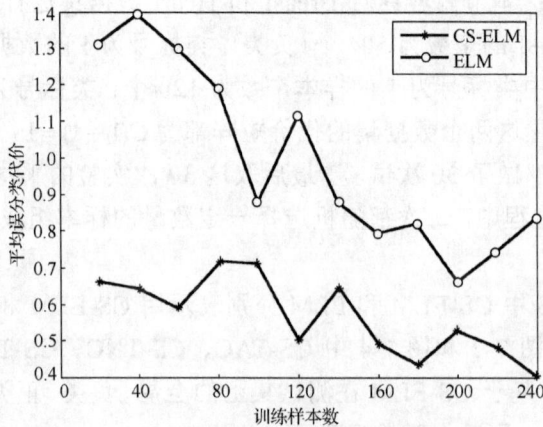

图 7-3 Heart 数据集上的平均误分类代价

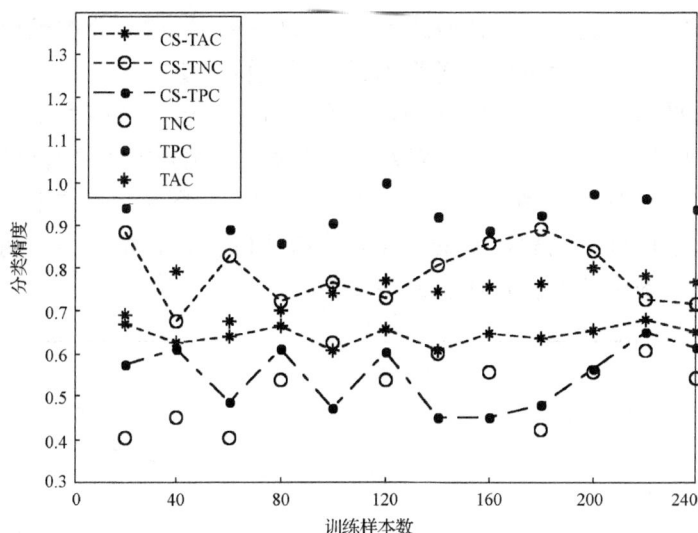

图 7-4　Heart 数据集上的平均分类精度

由图 7-1 和图 7-3 可以看出基于 CS-ELM 的平均误分类代价低于基于 ELM 的平均误分类代价，并且随着训练样本数的增加，两种平均误分类代价都有降低的趋势。图 7-2 和图 7-4 可以看出，CS-TAC 低于 TAC，即 CS-ELM 的分类精度低于 ELM，误差率有所提高，因为 CS-ELM 是基于分类代价最小而不是基于精度的。由于分类过程中设置 1 类样本的误分类代价比–1 类样本的误分类代价高，因此可以从图 7-2 和图 7-4 中看出来，CS-TPC 比 TPC 有所升高，但是 CS-TNC 比TNC 则有所下降。可以归纳为：和 ELM 相比，CS-ELM 误分类代价较低的负类（大类别）样本集上的分类精度有所降低，但是在误分类代价较高的正类（小类别）样本集上获得了比较高的分类精度。这是因为小类别样本对误分类代价的作用大于大类别样本，从而减小了平均误分类代价，但相应的全局分类精度则有所降低。

## 7.3.2　嵌入拒识代价的 CS-ELM 的实验结果

由于 Breast 和 Heart 两个数据集上引入拒识决策所产生的效果是一样的，因此接下来在 Breast 数据集上做进一步的分析。为了进行有效的比较，在代价矩阵不变（$C(-1,1)=4$，$C(1,-1)=1$）的情况下，将拒识代价设为 $C(0,1)=C(0,-1)=0.2$。接下来的实验中，随机选择 200 个样本作为训练集，剩下的样本作为测试集，所有的结果都是通过 30 次的独立实验得出的平均值。

将拒识决策引入 CS-ELM 中，一个重要的过程是确定拒识阈，从图 7-5 中可

以看到当拒识阈 $\delta$ 取值从 0 一直增加到 50 的过程中,平均误分类代价先减小后增大,这意味着不同拒识代价设定对平均误分类代价的影响有所不同,较大的拒识代价直接导致平均误分类代价的增加,并且这种增加的趋势随着拒识阈值的提高而越发剧烈,从图中可以看出,当 $\delta$ 取 4 的时候平均误分类代价可以取得最小值。将 $\delta$=4 代入 CS-ELM 中重新计算,可以得到图 7-6 和图 7-7 的结果。从中可以看出,虽然引入拒识代价之后,全局分类精度有所降低,且每一类的测试精度都有所降低,但是平均误分类代价明显减少了。

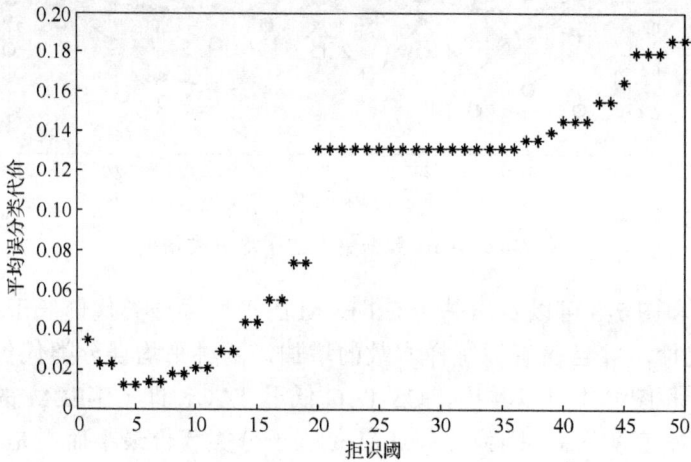

图 7-5　选择不同的拒识阈值 $\delta$ 的平均误分类代价

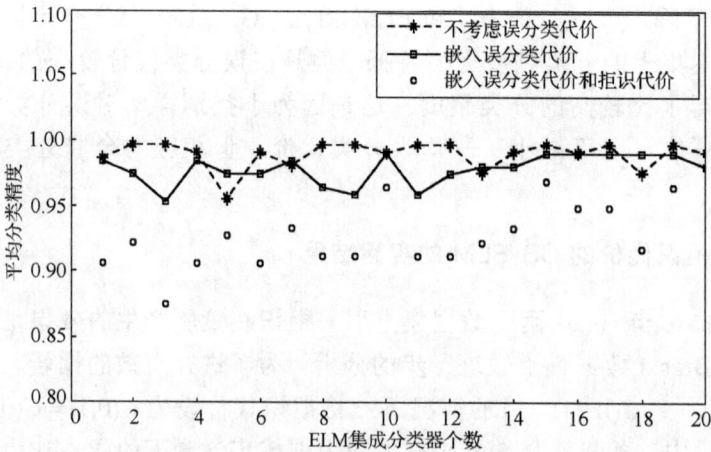

图 7-6　嵌入拒识代价以及误分类代价之后的平均分类精度

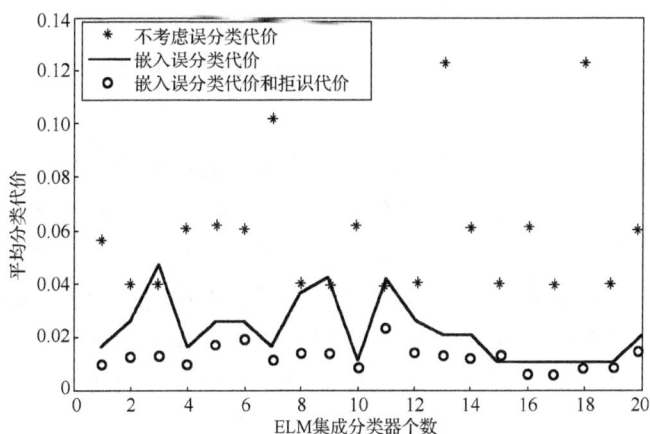

图 7-7　嵌入拒识代价以及误分类代价之后的平均分类代价

接下来在 7 个真实数据集上将嵌入拒识的 CS-ELM、标准 CS-ELM 及 ELM 进行比较，数据集是基于前面介绍的基因表达数据集。这里设置 7 个数据集的代价矩阵全部为 $C(0,1) = C(0,-1) = 0.3$，$C(1,-1) = 1$，$C(-1,1) = 4$。在每个数据集上，取 30 次实验的平均值作为实验结果。两种算法的平均误分类代价和全局分类精度见表 7-1。

表 7-1　嵌入拒识代价的 CS-ELM、CS-ELM 和 ELM 的实验结果

| 数据集 | 全局分类精度 | | | 平均误分类代价 | | |
|---|---|---|---|---|---|---|
| | 拒识 CS-ELM | CS-ELM | ELM | 拒识 CS-ELM | CS-ELM | ELM |
| Leukemia | 0.7871 | 0.8110 | 0.8755 | 0.2741 | 0.3762 | 0.4471 |
| Colon | 0.8012 | 0.8252 | 0.8953 | 0.2413 | 0.2793 | 0.4010 |
| SRBCT | 1.0000 | 1.0000 | 1.0000 | 0.0000 | 0.0000 | 0.0000 |
| Sonar | 0.8023 | 0.8194 | 0.8561 | 0.2643 | 0.3272 | 0.5765 |
| Satimage | 0.7844 | 0.8186 | 0.8633 | 0.2565 | 0.3643 | 0.5044 |
| Mushrooms | 0.9077 | 0.9208 | 0.9681 | 0.0474 | 0.0874 | 0.1203 |
| Protein | 0.7116 | 0.7299 | 0.8632 | 0.2243 | 0.4021 | 0.5242 |

从表 7-1 可以看出，CS-ELM 在大部分的数据集上的平均误分类代价都比 ELM 小，说明 CS-ELM 能够有效地减少在分类过程中产生的误分类代价；且嵌入拒识的 CS-ELM 在所有的数据集上的平均误分类代价都比标准的 CS-ELM 低。但是相应的分类精度嵌入拒识的 CS-ELM 比标准的 CS-ELM 低，而标准的 CS-ELM 又比 ELM 低。因为嵌入拒识的 CS-ELM 和标准的 CS-ELM 都是基于代价最小，而不是精度最高。

因此，可以得出结论：在样本误分类代价不相等且存在拒识决策的时候，嵌入拒识代价的 CS-ELM 能够更加有效地降低平均误分类代价。

# 7.4 代价敏感旋转森林

在常见的分类算法中，决策树作为一种基本的机器学习算法，存在着分类精度高且可解释性强的特点，因此被广泛用于商业决策、医疗诊断分析等许多方面[27]。决策树模型总体呈现出一种树形的结构，在处理分类问题时，表现为利用特征划分对实例样本进行分类的过程，其构建形式可以看成是一种 if-then 规则的集合，也可以认为是一种基于特征空间与类空间上的条件概率分布问题。决策树算法存在多种形式，如 ID3 算法、C4.5 算法和 CART 算法等，许多算法的变体都是在此基础上改进的。

随机森林是通过特征集的随机化抽取并集成多个决策树的分类效果组成的分类器，可以并行化训练，泛化误差小并且有能力处理高维数据。旋转森林[28]是于 2006 年提出的一种在随机森林基础上发展而来的集成算法，其主要特点是特征集的不相交切分和数据集变换，并以决策树为基分类器建立集成分类模型。旋转森林借助特征分割得到特征子空间，对属性子集进行变换，在此基础上使用重复抽样的方法得到差异性强的训练样本集，以此得到不同性质的基分类器。旋转森林算法不仅提供了一种集成分类算法，也提供了一种集成学习框架。

## 7.4.1 代价敏感决策树

基本的决策树算法[29]都专注于提高其分类精度，即最大限度地减少样本的误分类。这样就是会导致分类结果偏向于多类，而忽视少类。当错误分类所带来的代价不可忽视的时候，就要考虑把降低错误分类代价和属性信息结合起来作为选择分裂属性的一个标准，属性选择的目标是使误分类代价最小。同时，在考虑是否进行某项测试时也要取决于测试代价和误分类代价两方面的因素。

EG2 算法[30]相比于 ID3 算法，是以信息代价函数(Information Cost Function, ICF)取代信息增益作为属性分裂准则，同时考虑了信息增益和测试代价两个方面的因素。假设选择属性 $A$ 作为要分裂的属性，则属性 $A$ 的信息代价按照下列式子计算：

$$\text{ICF}_A = \frac{2^{\text{Gain}(A)} - 1}{(C_A + 1)^{\omega}}, \quad 0 \leqslant \omega \leqslant 1 \tag{7-16}$$

式中，$\text{Gain}(A)$ 和原始的 ID3 算法一样，为信息增益；$C_A$ 表示属性 $A$ 的测试代价，这是根据经验或者专家系统来确定的。参数 $\omega$ 用来调节信息代价的大小，以调整测试代价的影响程度。

这里运用 CART 分类决策树的原理来改造 EG2 算法，使其同时具有误分类代价和测试代价。CART 决策树通常采用节点的"不纯度"作为分裂属性的指标，如果节点的数据来自同一个类，则"不纯度"为 0；当节点上类的分布均匀时，节点的"不纯度"就很大。在 CART 中这个指标用 Gini 系数来表示，即

$$I(t) = 2 \times P(t) \times (1 - P(t)) \tag{7-17}$$

式中，$P(t)$ 表示节点 $t$ 处的正例样本的个数。

$$\Delta I(t) = I(t) - qI(t_L) - (1 - q)I(t_R) \tag{7-18}$$

式中，$q$ 表示左侧子节点的样本比例，$t_L$ 和 $t_R$ 分别表示左侧和右侧节点。

决策树在节点 $t$ 处选择不纯度下降最快的子节点作为分裂方向，即

$$I_C(t) = \sum_{i,j} C_{ij} P(i / t) P(j / t) \tag{7-19}$$

引入误分类代价：

$$\Delta I_C(t) = I_C(t) - qI_C(t_L) - (1 - q)I_C(t_R) \tag{7-20}$$

式中，$q$ 代表左边的子节点的样本比例。

令式 (7-19) 中的 $I_C$ 代替式 (7-18) 中的 $\Delta I$ 可得

$$\Delta I_C(t) = I_C(t) - qI_C(t_L) - (1 - q)I_C(t_R) \tag{7-21}$$

代入式 (7-16) 中，代替 Gain($A$)，评价函数变为

$$\text{ICF}_A = \frac{2^{\Delta I_c(A)} - 1}{(C_A + 1)^{\omega}}, \quad 0 \leq \omega \leq 1 \tag{7-22}$$

对于测试代价，一般认为，与分类的相关性大的属性测试代价小；否则，认为测试代价比较大。在不平衡数据集中，主要关注属性是针对少类的测试属性，这里采用节点属性对少类的 Gini 系数作为该属性的测试代价值。

C4.5_cs(Cost-Sensitive C4.5) 算法[31]引入样本的权重而形成代价敏感决策树。权重是结合样本和代价值重新定义样本的权重，使得在分类过程中偏向于类别权重较高的样本。

设有 $N$ 个样本的训练集 $T$，共分为 $n$ 类，则样本权重计算如下：

$$\text{weight}(i) = \text{Cost}(i) \frac{N}{\sum_{j=1}^{n} \text{Cost}(j) N_j} \tag{7-23}$$

式中，Cost($i$) 表示第 $i$ 类分类错误的代价。

C4.5_cs 依然使用信息增益率作为评价指标,同时由于具有了样本权重,在生成叶子节点时有所不同。对叶子节点赋予权重,计算公式如下:

$$P_{\text{weight}}(i) = \frac{\text{weight}(i) \times N_i}{\sum_{j=1}^{n} \text{weight}(j) N_j} \tag{7-24}$$

C4.5_cs 算法是通过权重偏向的方式提高了误分类代价较高的类别的准确率。

### 7.4.2　算法分析

根据代价类型[32],实验主要集中在误分类代价、测试代价和拒识代价三个方面。因此要构造出几种不同的代价敏感旋转森林算法。

嵌入代价敏感的旋转森林算法描述如下:

(1)对数据集的特征空间划分 K 份,各个特征子集之间不相交;

(2)利用 Bagging 方法获得 Bootstrap 数据集;

(3)分别对每一个特征子集的样本进行线性变换,这里依然选择主成分分析,并保留全部特征值,按照旋转森林算法给定的方式生成旋转矩阵;

(4)运用旋转矩阵变换训练集样本;

(5)分别选择三种不同的代价敏感决策树作为基分类器进行集成分类。

本章实验顺序如下所示:

(1)进行误分类代价的测试,使用前面所提到的 C4.5_cs 决策树为基分类器构成的旋转森林算法(C-RoF);

(2)利用前面提到的改造后的 EG2 决策树算法实现嵌入误分类代价和测试代价的旋转森林算法(C&T-RoF);

(3)在步骤(1)的基础上再嵌入拒识代价,形成嵌入误分类代价和拒识代价的旋转森林算法(C&R-RoF)。

### 7.4.3　CS-RoF 的实验结果

实验数据描述:主要使用 Lung 数据集以及 Ovarian 数据集进行试验。其中 Lung 数据集共有 181 个样本,分为两类,类标为 0 的样本数为 31,类标为 1 的样本数为 150,比例大致为 1:5;Ovarian 数据集共有 253 个样本,分为两类,类标为 0 的样本数为 192,类标为 1 的样本数为 61,比例大致为 3:1。实验中的误分类代价和拒识代价均使用预先给定的值[33]。在试验中,为简化问题,假定所有代价都是固定值，且代价因素均使用统一的标称，以最终的平均代价为衡量目标。

1. 嵌入误分类代价的旋转森林(C-RoF)实验

两种算法在不同数据集上的平均误分类代价如图 7-8 和图 7-9 所示。

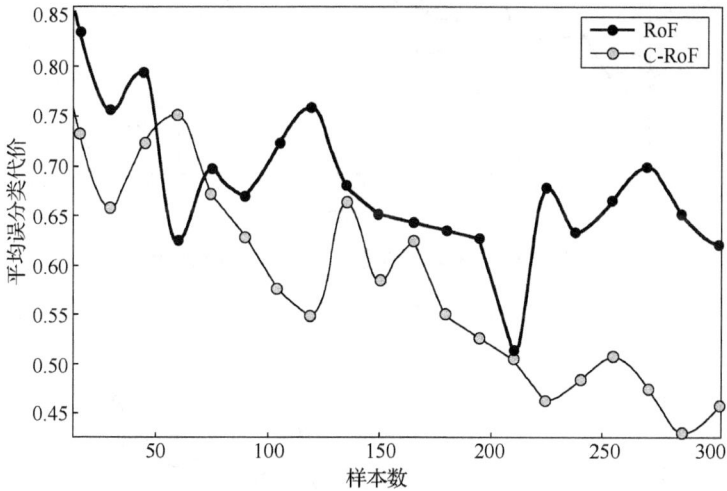

图 7-8　Lung 数据集上的平均误分类代价

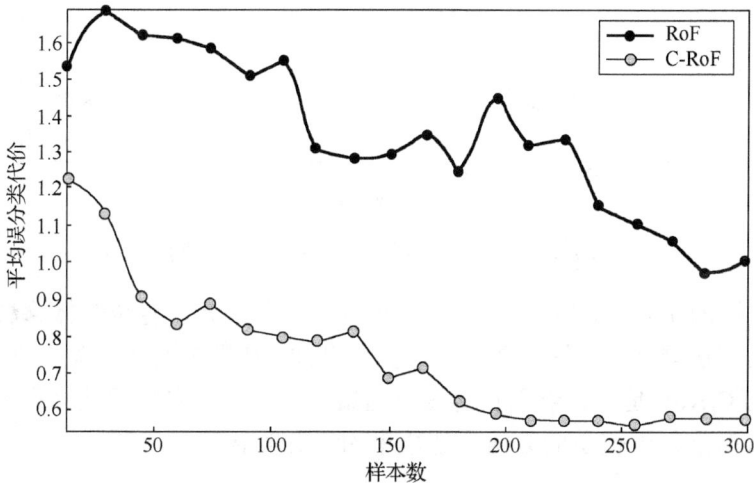

图 7-9　Ovarian 数据集上的平均误分类代价

在误分类代价测试的基础上对比两种算法分类精度，如图 7-10 和图 7-11 所示。

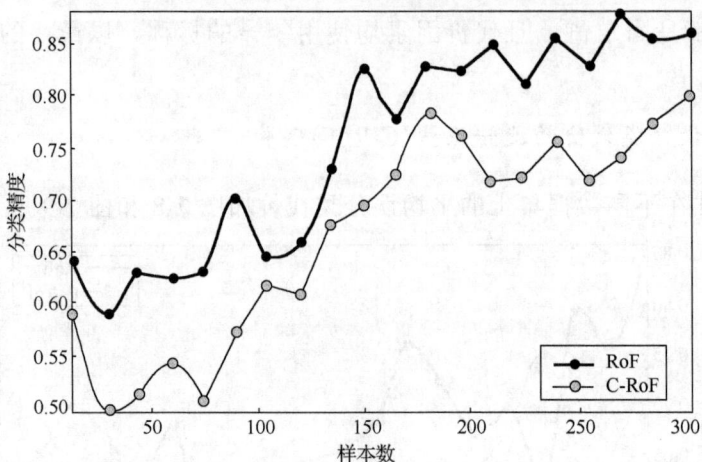

图 7-10　Lung 数据集上的全局分类精度

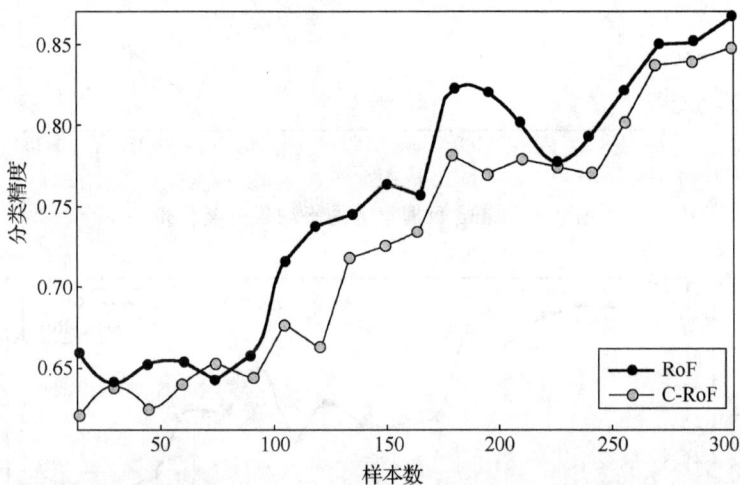

图 7-11　Ovarian 数据集上的全局分类精度

通过对比图 7-10 和图 7-11，在嵌入误分类代价之后，旋转森林算法在全局分类精度上均有所降低。但是综合前面的实验可知，其带来的误分类代价大大下降。所以实际上 C-RoF 是通过嵌入代价敏感因素，改变了原有的属性分裂方式，使得属性分裂偏向于代价值小的方向，造成平均误分类代价的降低。

2. 嵌入误分类代价与测试代价的旋转森林（C&T-RoF）实验

以上只是进行了误分类代价的测试，这里运用改造后的 EG2 敏感决策树作为基分类器，所以不但具有误分类代价，而且还带有测试代价因素。在实验时，首先计算出各个属性的测试代价，作为固定的测试代价因素。本算法在节点分裂的时候会选择最小的误分类代价和测试代价之和（总代价）作为分裂属性。

设定参数的初始值为 0，步长为 0.05，逐步变化到 1。不同的参数值对应不同的信息代价函数，利用 Out-of-Bag 的方法[34]获得使平均代价最小的 $\omega$ 值，在此条件下求得误分类代价。为了简化计算，对于同一个数据集的基分类器都使用同样的 $\omega$ 值，通过测试取 $\omega_1 = 0.6, \omega_2 = 0.8$。

实验结果以及分析如图 7-12 和图 7-13 所示。

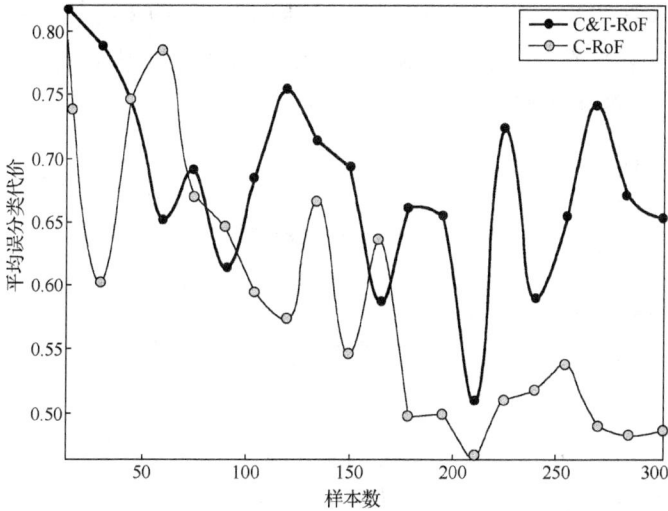

图 7-12　Lung 数据集上的平均误分类代价

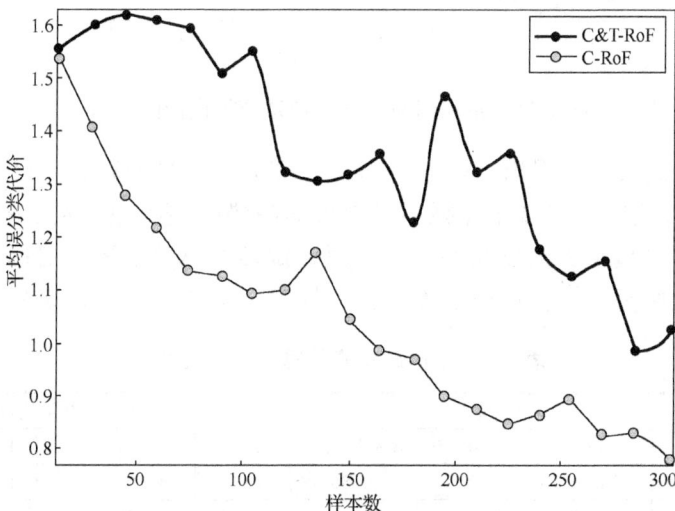

图 7-13　Ovarian 数据集上的平均误分类代价

对比嵌入误分类代价和测试代价以及仅嵌入误分类代价的旋转森林两种算法，在每组数据集上表现出嵌入两种代价后，误分类代价会有所上升。这是因为在属性分裂过程中，决策树同时兼顾了误分类代价和测试代价。

### 3. 嵌入误分类代价与拒识代价的旋转森林(C&R-RoF)试验

通过逐步地改变参数的值，能够在不降低精度的情况下使得分类的平均误分类代价最小。本实验仅以 Lung 数据集为例进行验证，此后再推广到其他数据集。根据文献[35]设置拒识代价的值为：$C(0,1) = C(0,-1) = 0.2$。不同的数据集所对应的参数也会不同，如图 7-14 所示，调整拒识阈值 $\delta$ 的值，从 0 到 0.5，步长为 0.01，独立重复试验 30 次求得平均值作为实验的结果。

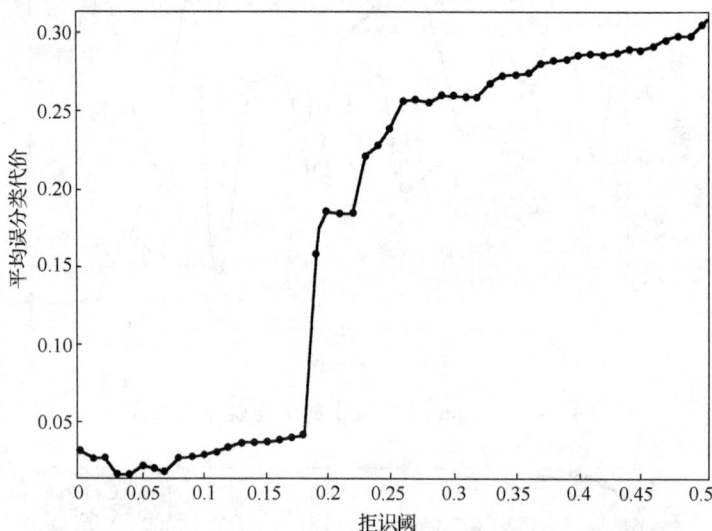

图 7-14　拒识阈的值与平均误分类代价的关系

从实验的结果可以得出，随着拒识阈的变大，其平均误分类代价有下降的过程，之后就继续增大，呈现出先减小后增大的趋势；当拒识阈参数 $\delta$=0.07 的时候，平均误分类代价最小。通过几种方法与原始旋转森林算法进行对比(表 7-2)，得出嵌入代价敏感因素，在保证准确率的前提下，可以降低平均误分类代价。

表 7-2　不同旋转森林算法的实验结果

| 数据集 | 分类精度 | | | | 平均误分类代价 | | | |
|---|---|---|---|---|---|---|---|---|
| | RoF | C-RoF | C&T-RoF | C&R-RoF | RoF | C-RoF | C&T-RoF | C&R-RoF |
| Leukemia | 0.889 | 0.896 | 0.893 | 0.886 | 0.214 | 0.195 | 0.148 | 0.168 |
| Breast | 0.927 | 0.867 | 0.857 | 0.863 | 0.363 | 0.322 | 0.252 | 0.237 |

续表

| 数据集 | 分类精度 | | | | 平均误分类代价 | | | |
|---|---|---|---|---|---|---|---|---|
| | RoF | C-RoF | C&T-RoF | C&R-RoF | RoF | C-RoF | C&T-RoF | C&R-RoF |
| CNS | 0.919 | 0.896 | 0.825 | 0.875 | 0.253 | 0.216 | 0.207 | 0.133 |
| Heart | 0.823 | 0.817 | 0.793 | 0.786 | 0.624 | 0.582 | 0.513 | 0.451 |
| Colon | 0.893 | 0.847 | 0.840 | 0.836 | 0.348 | 0.289 | 0.308 | 0.256 |

同样比较了 C&R-RoF 与其他几个分类器在总体分类精度和平均误分类代价方面的表现。在表 7-3 中比较了 C&R-RoF 与 ELM，SVM，CS-ELM。结果表示 C&R-RoF 在保证准确率的前提下拥有最小的误分类代价。

表 7-3　C&R-RoF 与其他算法的实验结果比较

| 数据集 | 分类精度 | | | | 平均误分类代价 | | | |
|---|---|---|---|---|---|---|---|---|
| | C&R-RoF | ELM | SVM | CS-ELM | C&R-RoF | ELM | SVM | CS-ELM |
| ALL | 0.865 | 0.876 | 0.853 | 0.811 | 0.207 | 0.447 | 0.857 | 0.376 |
| Breast | 0.863 | 0.746 | 0.784 | 0.728 | 0.237 | 0.756 | 0.908 | 0.652 |
| CNS | 0.875 | 0.887 | 0.903 | 0.837 | 0.133 | 0.554 | 0.734 | 0.256 |
| Heart | 0.786 | 0.743 | 0.795 | 0.625 | 0.451 | 1.054 | 0.947 | 0.683 |
| Colon | 0.836 | 0.895 | 0.872 | 0.825 | 0.256 | 0.401 | 0.618 | 0.279 |

# 7.5　小　　结

当所给样本的误分类代价不相等的时候，传统的分类算法由于是基于分类精度的，因此它们便不能直接实现代价敏感分类过程中的最小平均误分类代价的要求。本章中，通过在分类过程中引入概率估计以及误分类代价来重新构造分类结果，提出了基于 ELM 和 RoF 的代价敏感算法 CS-ELM 和 CS-RoF。在上述算法基础上，引入"拒识代价"，进一步减小了平均误分类代价，使得不平衡数据的分类更加可靠。

**参 考 文 献**

[1] Chow C K. On optimum recognition error and reject tradeoff[J]. IEEE Transactions on Information Theory, 1970, 16(1):41-46.

[2] Foggia P, Sansone C, Torella F, et al. Multiclassification: Reject criteria for the Bayesian combiner [J]. Pattern Recognition, 1999, 32(8): 1435-1447.

[3] Sterano C D, Sansone C, Vento M. To reject or not to reject: That is the question-answer in case of neural classifiers[J]. IEEE Transactions on SMC, 2008, 30 (1): 84-94.

[4] Langgrebe T, Taxdmj C W, Paklik P, et al. The interaction between classification and reject performance for distance-based reject-option classifiers[J]. Pattern Recognition Letters, 2006, 27(8): 908-917.

[5] Zheng E H, Zou C, Sun J, et al. SVM-based credit card fraud detection with reject cost and class-dependent error cost[C]//Proceedings of the PAKDD' 09 Workshop: Data Mining When Classes are Imbalanced and Errors Have Cost, 2009: 50-58.

[6] Kubat M, Matwin S. Addressing the curse of imbalanced training sets: One-sided selection[C]//Proceedings of the14th International Conference in Machine Learning, San Francisco, 1997: 179-186.

[7] Kubat M, Holte R, Matwin S. Learning when negative examples abound[C]//European Conference on Machine Learning, 1997: 146-153.

[8] Chan P K, Stolfo S J. Toward scalable learning with non-uniform class and cost distributions: A case study in credit card fraud detection[C]//Proceedings of the 4th International Conference on Knowledge Discovery and Data Mining, 2001: 164-168.

[9] Weiss G M, Provost F. Learning when training data are costly: The effect of class distribution on tree induction [J]. Journal of Artifical Intelligence Research, 2011, 19(1): 315-354.

[10] Li N, Yu Y, Zhou Z H. Diversity regularized ensemble pruning[C]//Proceedings of the European Conference on Machine Learning and Principles and Practice of Knowledge Discovery in Databases (ECML PKDD'12), Bristol, 2012:330-345.

[11] Liu X Y, Wu J, Zhou Z H. Exploratory under-sampling for class-imbalance learning[J]. IEEE Transactions on Systems, Man, and Cybernetics-Part B: Cybernetics, 2009, 39 (2): 539-550.

[12] Chawla N V, Lazarevic A, Hall L O, et al. SMOTE Boost: Improving prediction of the minority class in boosting[C]//Proceedings of Principles of Knowledge Discovery in Databases, 2003.

[13] Japkowicz N. The class imbalance problem: Significance and strategies[C]//Proceedings of the 2000 International Conference on Artificial Intelligence: Special Track on Inductive Learning, Las Vegas, 2000.

[14] Elkan C. The foundation of cost-sensitive learning[C]//Proceedings of the 17th International Joint Conference on Artificial Intelligence, Washington, 2001:239-246.

[15] 周志华, 陈世福. 神经网络集成[J]. 计算机学报, 2002, 25(1):1-8.

[16] Ling C, Li C. Data mining for direct marketing problems and solutions[C]//Proceedings of the 4th International Conference on Knowledge Discovery and Data Mining, New York, 1998: 73-79.

[17] Drummond C, Holte R. Exploiting the cost in sensitivity of decision tree splitting criteria[C]// Proceedings of the 17th International Conference on Machine Learning, 1998: 73-79.

[18] Fan W, Stolfo S, Zhang J, et al. Adacost: Misclassification cost-sensitive boosting[C]// Proceedings of the 16th International Conference on Machine Learning, Bled, 1999:97-105.

[19] Freund Y, Schapire R E. A decision-theoretic generalization of on-line learning and an application to boosting[J]. Journal of Computer and System Sciences, 1997, 55(1): 119-139.

[20] Zhou Z H, Liu X Y. Training cost-sensitive nerual networks with methods addressing the class imbalance problem[J]. IEEE Transactions on Knowledge and Data Engineering, 2006, 18 (1): 63-77.

[21] Xiao J H, Pan K Q, Wu J P, et al. A study on SVM for fault diagnosis [J]. Journal of Vibration, Measurement and Diagnosis, 2001, 21(4): 258-262.

[22] 张金伟.不平衡数据分类研究及在肿瘤识别中的应用[D].杭州：中国计量学院, 2012.

[23] 卫东，郑恩辉，杨敏，等. 基于 SVM 的误分类代价敏感模糊推理系统[J]. 控制与决策,2010,25(2):121-127.

[24] Lu H J, Wei S S, Zhou Z H, et al.Regularized extreme learning machine with misclassification cost and rejection cost for gene expression data classification[J]. International Journal of Data Mining and Bioinformatics, 2015, 12(3): 294-312.

[25] Liu Y Q, Lu H J, Yan K, et al. Applying cost-sensitive extreme learning machine and dissimilarity integration to gene expression data classification[J]. Computational Intelligence and Neuroscience, 2016. doi: 10. 1155/2016/8056253.

[26] Lu H J, Zheng E H, Lu Y, et al. ELM-based gene expression classification with misclassification cost[J]. Neural Computing and Applications, 2014, 25(3-4): 525-531.

[27] Eerman J, Mahanti A, Arlitt M. Internet traffic identification using machine learning techniques[C]//Proceedings of the 49th IEEE GLOBECOM, 2006.

[28] Rodríguez, Juan J, Kuncheva, et al. Rotation forest: A new classifier ensemble method[J]. IEEE Transactions on Pattern Analysis and Machine Intelligence, 2006, 28(10): 1619-1630.

[29] Sheng S, Ling C X, Yang Q. Simple test strategies for cost-sensitive decision trees[J]. IEEE Transactions on Knowledge & Data Engineering, 2006, 18(8):1055-1067.

[30] Ting K M. An instance-weighting method to induce cost-sensitive trees[J].IEEE Transactions on Knowledge and Data Engineering, 2002, 14(3): 659-665.

[31] 付忠良. 多标签代价敏感分类集成学习算法[J]. 自动化学报,2014, 40(6): 1075-1085.

[32] Lu H J, Yang L, Yan K, et al. A cost-sensitive rotation forest algorithm for gene expression data classification[J]. Neurocomputing, 2017, 228: 270-276.

[33] 毛莎莎, 熊霖, 焦李成, 等. 利用旋转森林变换的异构多分类器集成算法[J]. 西安电子科技大学学报 (自然科学版), 2014, 41(5): 48-53.

[34] 陈沛玲.决策树分类算法优化研究[D]. 长沙: 中南大学, 2007.

[35] 郑恩辉. 代价敏感支持向量机[J]. 控制与决策, 2006, 21(4): 473-476.

# 第8章 总　　结

将机器学习技术应用于基因表达数据已经成为癌症诊断的前沿方法和研究热点。本书主要内容如下。

(1)介绍了基于基因的癌症诊断与预测的基本方法及国内外研究现状,针对基因表达数据高维、小样本、分布不平衡和高噪声等特点,提出针对基因数据分类研究的难点和重要理论及应用意义。

(2)介绍了基因数据分类的基本框架。基于基因数据的高维小样本特点,提出使用过滤法、缠绕法和嵌入法三类方法进行特征选择,并对上述三类方法的优缺点进行了对比,介绍了神经网络、支持向量机、超限学习机等分类器的原理以及在基因数据分类中的应用。根据基因数据的特点,提出使用集成学习、代价敏感学习等机器学习技术。

(3)提出了三种基因数据特征选择方法。一是基于信息增益和遗传算法的基因选择方法。通过类间距离与类内距离度量选择特征,该方法可以有效减少冗余基因,并可适用于不同分类器。二是基于互信息最大化的模型无关特征选择方法。结合互信息最大化方法进行初步筛选,之后使用类间距离与类内距离作为遗传算法的适应度函数进行特征选择,该算法具有较高的泛化能力。三是基于互信息最大化和自适应遗传算法的特征选择方法。首先通过互信息最大化初选基因子集,然后再运用自适应遗传算法选择最优基因子集。该方法能够有效选择出较优基因子集,并使不同分类器都能获得较高的分类精度。

(4)结合核函数的思想与旋转森林算法的流程,实现了基于高斯径向基核主成分分析的旋转森林算法,改进了旋转森林分类算法的分类精度。

(5)将 ELM 用于基因数据分类。针对原始 ELM 算法分类精度低、分类不稳定等情况,提出了 ACPSO-ELM 算法,通过 ACPSO 算法对 ELM 算法内权参数进行优化,提升了分类精度以及更好的稳定性。同时,将核函数加入 ELM 算法,形成 KELM 算法,同样使用 APSO 算法对内权参数进行优化,提出了改进的APSO-KELM 算法,取得了更好的分类性能。

(6)集成学习是把多个分类器学习结果进行整合从而优化性能的一种机器学习方法。本书将集成学习作用于 ELM,构造基因数据分类器。本书根据基因数据特点,提出了输出不一致测度的 ELM 集成分类算法:首先以输出不一致测度为标准对 ELM 进行剔除,然后把其他 ELM 的判断结果用多数投票法进行判断,最后再用集成后的 ELM 对基因表达数据进行分类。该方法能够使用较少的分类器个数达到较好的分类效果。

(7) 基因数据存在严重不平衡的特性，而在基于基因数据的诊断中，漏检与误检所造成的后果不同。传统的分类算法一般使用总体精度作为评价指标，忽略了这种不同的后果。本书通过在分类过程中引入概率估计以及误分类代价来重新构造分类结果，提出了基于 ELM 和 RoF 的代价敏感算法 CS-ELM 和 CS-RoF，并引入"拒识代价"，进一步减小了平均误分类代价，使得不平衡数据的分类更加可靠。

本书系统介绍了基因表达数据高维、小样本、高噪声、样本不平衡的特点，以及针对这些特点所设计的分类流程，包括特征选择和分类器构建两大步骤。从机器学习的视角，提出了若干前沿的特征选择与分类算法，为后续基因表达数据识别的相关研究奠定了基础。